So
Easy !
make things

simple and enjoyable

丸雅生活館

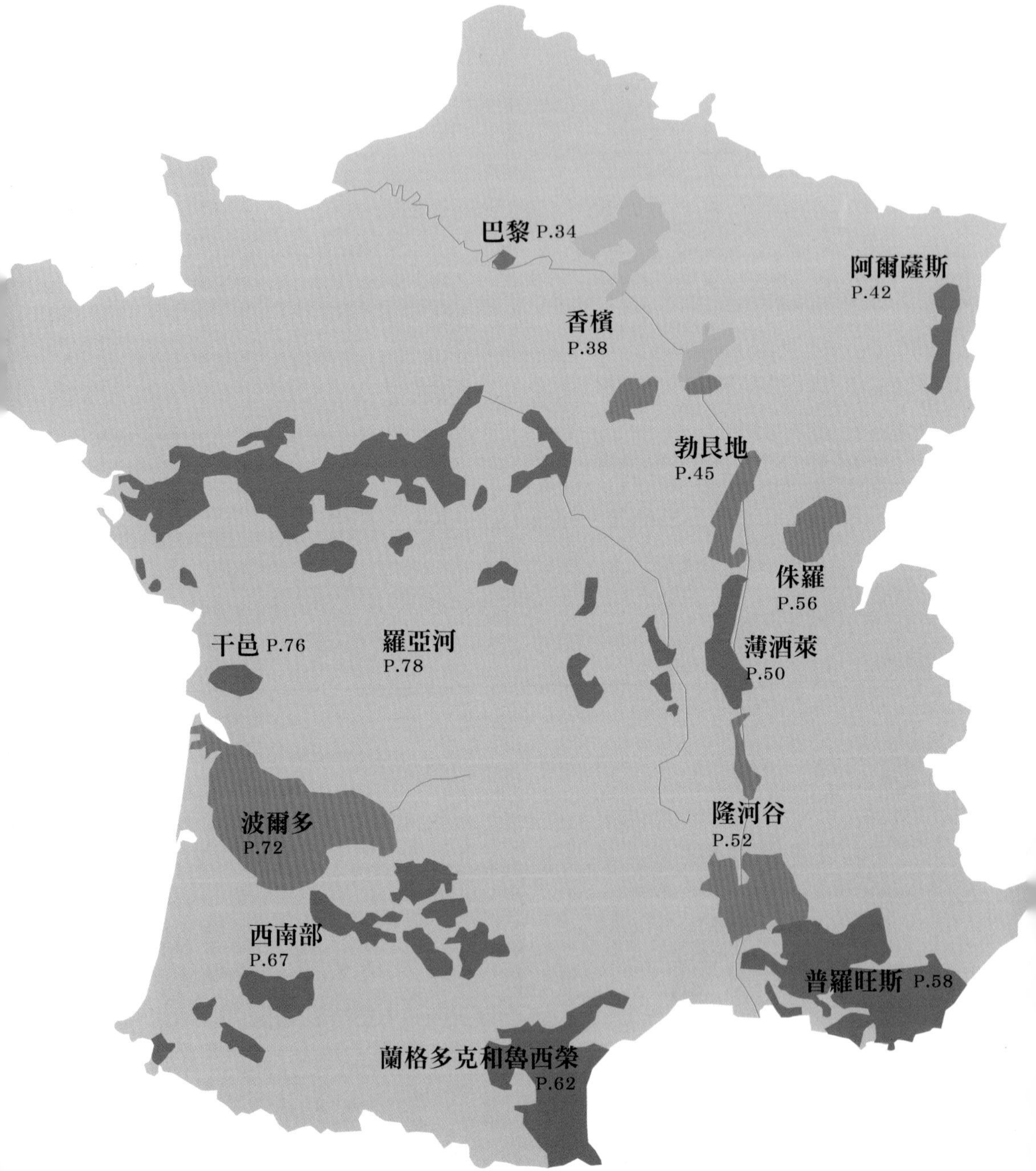

巴黎 P.34

阿爾薩斯 P.42

香檳 P.38

勃艮地 P.45

侏羅 P.56

干邑 P.76　　羅亞河 P.78

薄酒萊 P.50

波爾多 P.72

隆河谷 P.52

西南部 P.67

普羅旺斯 P.58

蘭格多克和魯西榮 P.62

生活技能 031

開始遊法國喝葡萄酒

作者‧攝影◎陳麗伶

開始遊法國喝葡萄酒

So Easy 生活技能031

作　　　者	陳麗伶
攝　　　影	陳麗伶
插　　　畫	吉田玲

總 編 輯	張芳玲
書系主編	林淑媛
特約編輯	沈維巖
美術設計	何仙玲

太雅生活館出版社
TEL：(02)2880-7556　FAX：(02)2882-1026
E-mail：taiya@morningstar.com.tw
郵政信箱：台北市郵政53-1291號信箱
太雅網址：http://taiya.morningstar.com.tw
購書網址：http://www.morningstar.com.tw

發 行 所　　太雅出版有限公司
　　　　　　台北市111劍潭路13號2樓
　　　　　　行政院新聞局局版台業字第五○○四號

印　　製　　知文企業(股)公司 台中市407工業區30路1號
　　　　　　TEL：(04)2358-1803

總 經 銷　　知己圖書股份有限公司
　　　　　　台北公司 台北市106羅斯福路二段95號4樓之3
　　　　　　TEL：(02)2367-2044 FAX：(02)2363-5741
　　　　　　台中公司 台中市407工業區30路1號
　　　　　　TEL：(04)2359-5819 FAX：(04)2359-5493
郵政劃撥　　15060393
戶　　名　　知己圖書股份有限公司

廣告代理　　太雅廣告部
　　　　　　TEL：(02)2880-7556　E-mail：taiya@morningstar.com.tw

初　　版　　西元2007年06月10日
定　　價　　230元
(本書如有破損或缺頁，請寄回本公司發行部更換；或撥讀者服務部專線04-2359-5819)

ISBN 978-986-6952-47-0
Published by TAIYA Publishing Co.,Ltd.
Printed in Taiwan

國家圖書館出版品預行編目資料

開始遊法國喝葡萄酒 / 陳麗伶作. 攝影.
-- 初版. -- 臺北市：太雅, 2007年[民96]
　　面；　公分. -- (生活技能；31)
　　ISBN 978-986-6952-47-0 (平裝)
　　1.葡萄酒－法國

468.814　　　　　　　　96008380

如何使用本書

🍇 **適合貧瘠土地**
適合釀酒的龍葡萄個性十分特別。它不喜歡
太肥沃的土地，因此葡萄適合生長在各種貧
乏的土地上，是適合的土質特色。

🍇 **陽光品質影響莖藤與花**
葡萄莖藤是很特別的植物，性喜陽光，
但不須要太多，適量就可以了。陽光照耀的
時間過長或過強，那會影響到釀酒葡萄的品
質，相對的就會影響到釀酒的口感。因為
太陽照射的時間太長會影響花的數量，而陽
光太強時又會影響到果實的糖份，因此陽光
的品質十分重要。

Part1 歷史的腳步

對於影響葡萄酒發展的歷史因素和關係葡萄酒
的各種天然因素：貧瘠土地、陽光品質、地層水
分、酸甜比影響發酵等影響釀酒的天然因素清楚
交代。

Part2 法國葡萄酒鄉

以各區知名酒為單元，分別介紹影響
釀酒的天然條件、文化特色，並細數各
酒鄉中知名的產區，帶領讀者認識其知
名酒款、節慶文化與觀光重鎮。

酒莊名稱：Clos de Basceilhac
主人姓名：花米歐薏Jean-Michel
地點：蒙
酒莊名稱：La maisonVieille（老屋的意思）
主人姓名：克里斯多夫Christophe Maillard
地點：
繼承父
酒莊名稱：Domaine Grand Guilhem
主人姓名：Gilles Guilhem
地點：
酒莊名稱：Lefèvre-Beuzart Champagne
主人姓名：Lefèvre-Beuzart
地點：位於漢斯城南邊的李依小山的Ily la Montagi
一對漂亮的年輕夫婦，帶了一對可愛兒女，火紅內臟

Part3 葡萄酒傳人

訪問4個酒莊，列出酒莊
名稱、主人姓名、酒莊地
點、特色酒款嚐酒的感覺。
以對話和遊記的形式，用文學的感性筆法，帶
讀者感受葡萄酒傳人的釀酒世家傳統、傳承數代
的葡萄園生活，展現多元的葡萄酒文化風情。

交通篇 美食篇
行程規劃篇
住宿篇

Part4 實用資訊

分交通篇、行程規劃篇、美食篇、住
宿篇介紹各種實用資訊。
在美食方面，很細緻地介紹了：餐廳慣
例、須遵守基本禮貌、常見法國菜。讓
讀者可以輕鬆且專業地享用法國美食。

目錄Content

Part2 法國葡萄酒鄉

Part4 實用資訊

Part3 葡萄酒傳人

■ 作者序

有一天和一個朋友聊天。

我們正聊起一道兩個人都公認的美食，這時兩人突然靜了下來，同時沉迷在那種無法比擬的滋味裡；那種每個人都應該有過的經驗：也就是口水都要流下來的感覺。朋友突然說起，這道菜應該配什麼地方的葡萄酒比較適合的問題。我們開始談起了法國的葡萄酒。

我告訴她想寫一本有關法國葡萄酒書的事。

朋友是一個傳統法國人，道地的法國地方美食的保護者。她對法國地方美食的看法，就像，我雖然住在法國的時間已經超過住在台灣的時間很久了，但是偶爾蚵仔煎啦、魷魚羹啦、油飯、肉粽之類的小吃味，會經常莫名其妙的湧上來，是一樣的。她聽到，以我一個外國人居然想寫他們法國人的「驕傲」，不論我們有再好的交情，她還是馬上出現一付不以為然的態度。我很了解也很尊重她的反應，希望她給我一些建議，因為她代表了一個十分單純的法國人的想法，正是我最需要的。

我們討論的結果，她只堅持一點，希望我把法國人對他們土地的熱愛表現出來就好了，把法國人對傳統文化價值觀的執著寫出來就好了。

我們一起上圖書館尋找有關法國葡萄酒的歷史、文化背景，甚至地理位置特色；釀酒過程的百科全書全都搬了出來。研讀了許久之後，卻覺得十分沮喪，因為資料實在太多了，這樣會成了好像在寫論文一樣的複雜無趣！

想了很久，最後還是決定將葡萄酒簡單化，用各地方特色來表現各地方的葡萄酒。既不談品味問題，也不談價碼問題，只談天然條件、人文背景影響各地葡萄酒的特性，以及能引導一個對葡萄酒不太認識的遊客，由淺入深的慢慢去了解法國葡萄酒就好了。

於是就這麼簡單的把事情解決了。

陳麗伶 2007.5.3

作者簡介 陳麗伶

屬豬，天秤座，本籍台灣人。豬愛吃，樂天安命，隨緣，順著豬應該走的路，作者找到了另一個同樣愛吃又樂天的地方－法國。1984年到今天，取得了法國麵包師與蛋糕師執照。好玩天性的慫恿和好奇的本性，點點滴滴的收集法國地方文化，希望能深入了解第二故鄉人的本性。在1989年取得法國觀光局文化部當地導遊執照，至今仍繼續從事導遊工作，協助華語觀光客了解法國文化歷史。也許因為天秤座的個性：好客與直爽，廣交法國奇人。在2005年，將所認識的法國朋友傳記融入《台灣食客法國戀曲》、《普羅旺斯的味蕾地圖》兩本書，在台灣出版。2007金豬年，期待將自己當了二十多年法國人累積的經驗，以及因為帶華語團體發現到東西文化之間的矛盾與不解，用寫作的方式帶領華語讀者慢慢了解法國。不論各地方文化、吃的文化、歷史背景、藝術欣賞觀念等等，由淺入深導覽法國。作者與「太雅出版社」相識的緣從葡萄酒開始，希望從美酒帶引，進入美好的文化藝術領域。讓太雅讀者能滿心稱悅！

插畫 吉田玲　日本北海道人，駐法版畫家。

■ 編輯室報告

　　法國葡萄酒豐富多樣，讓世界酒客、美食家醉心。究竟法國葡萄酒為什麼風靡世界？造就的背景為何？

　　想認識葡萄酒，光學會品酒是不夠的。本書帶讀者追本溯源，瞭解法國葡萄酒的歷史，認識醞釀如此美酒的天然環境，並且深入法國酒鄉，讓讀者在品嚐法國葡萄酒時韻味更深刻！

　　旅法多年的作者陳麗伶對法國文化、法國美食有非常豐富的素養，她以深入淺出的流暢筆法介紹法國葡萄酒的歷史發展、影響葡萄酒醞釀的各種條件。在她娓娓道來的故事中，讓人穿越時空，彷彿親身感受法國葡萄酒歷史發展的點點滴滴。

　　在細數法國酒鄉堅持依天然條件釀酒的傳統之外，作者對於法國釀酒傳人如何對抗美國酒商與酒品家對葡萄酒市場與品味的壟斷，亦做了一番歷史文化觀點的描述與評述。

　　探求法國葡萄酒的精髓，最具體的體驗就是前往各知名酒鄉。作者深入包括：香檳區、阿爾薩斯、勃艮地、薄酒萊在內的13個法國知名酒鄉，細數其特色與名酒、美食，並介紹當地城鎮的風采。並訪問酒莊傳人，在親切對話中，讓讀者體驗酒莊生活與傳人把酒言歡的場景。

　　身為資深導遊的作者，對於法國旅遊必須具備的各種實用的交通、旅館、行程規劃，以及美食傳統、餐館消費習慣等有很細緻的經驗分享。

特約編輯 *沈維巖*

France

葡萄酒「Vin」幾乎成了全世界社交場合上不可缺少的要素，現代人喝葡萄酒不論是為了養生、為了品味，葡萄酒的文化已經無可厚非的成了人類社會文明的一部分。法國的葡萄酒更是舉世聞名，其中的奧妙就是因為法國人對葡萄酒文化傳統的執著。在法國酒鄉各地所到之處，處處充滿了獨特葡萄酒地方文化的特色，因此深入拜訪法國各酒鄉，成了了解法國文化最簡單的導覽方式了。

每當我帶著華語旅遊團經過法國酒鄉時，看到或
在凹凹凸凸的丘嶺上，或在河谷兩畔的山腰中，
一叢叢整齊劃一的葡萄園，融在藍天或朦霧或寒
霜的景觀中，總讓我不自覺地讚嘆起這片孕釀著
世界各地餐桌上嬌客的腹地之美！

當我接觸那些平易近人的酒農，滔滔不絕的談著
自己如何的培養自己的葡萄酒，就如同談著自己慢慢扶養長大的孩子一樣的驕傲，
以及各地的酒莊為了維護自己形象的專注，如此才產生了只有在法國才有的酒鄉文
化時，我禁不住想把這些經驗與其他人分享，希望讀者能開始到法國各酒鄉，自己
去發現個人不同的樂趣。

葡萄酒主要的原料是釀酒葡萄，只是因為法國各地的土質不同，所以產生出來的味
道也不同，因此為了真正了解各地葡萄酒的特色，最好的方式還是到當地去嘗嘗。
在不同的環境、不同的風俗習慣下，所喝到的酒會有不同的效果。

香檳迷人的氣泡混在酒中的口感，會在香檳地區一小片、一小片綿連不絕的葡萄酒
園中，產生不同的風味。勃艮地紅、白葡萄酒留在口中
久久不散的味蕾，只有在黃白瓦礫交錯的酒莊裡的感受
更深。普羅旺斯清淡芳香的粉紅酒，在金黃暖暖的陽光
與藍白交錯、有些綠的顏色下，配著地中海的海鮮，更
能顯出清涼爽口的特性。波爾多紅酒獨特的濃淳豐厚，
襯在高低不平丘陵的景觀，以及大河流域的氣勢中，
才顯得更融洽。這一切只有到當地走一遭才能親身體會
到。

PART 1
歷史的腳步

葡萄酒擁有「適量若入人間仙境，過量則與魔鬼共舞！」的特色。

喝葡萄酒的習慣早在古文明時代就存在了。不論古印度、古埃及、希臘時代都種植葡萄，也有喝葡萄酒的習慣。當初這些一瓦罐、一瓦罐的葡萄酒也都早已經冠上不同生產地的記號了，因此考古學家才能判斷這些出土葡萄酒的產地和特性。

古文明：以酒祭神

幾乎所有古老的文明都有用酒祭神的習慣，因為他們把日常生活中最美好的物品獻給神。因此葡萄酒的文化幾乎涵蓋了地中海，以及非洲地區的文明古國，因為這些地方種植葡萄的習慣起源相當早。而事實上真正能一直傳到現代的葡萄種卻不多。

古埃及 古希臘：摻雜調味飲酒

古代的人對葡萄酒的品味，也不見得與現代人相同。如埃及人或希臘人喝葡萄酒的習慣，根據當時的記載，通常會在酒裡摻雜一些不同的香料、水果或蜂蜜一起飲用，就像現代喝調味酒一樣。

↓代表歡樂象徵的希臘酒器。

我們可以想像當初的酒應該是屬於比較乾Sec（**法文**，意同英文的「dry」或「not sweet」）的酒，口感比較澀，必須加上其他的調味來改善口感，或許也是因為他們當初的味蕾與現代人相異吧！

羅馬時代：葡萄酒成文化一部份

到了羅馬時代，葡萄酒才真正成為人類文化的一部分。

← 教堂裡可以看到葡萄藤象徵的花窗。

證據1，廢墟沉船： 從羅馬廢墟、海底沉船中找到了羅馬時代的葡萄酒瓦罐，裡面甚至還保存了將近兩千年以上的「陳年老酒」，當然這些酒早就成醋了，但卻是羅馬人好喝葡萄酒的歷史見證。

證據2，壁畫遺跡： 現代還僅存的一些羅馬時代留下來的壁畫上，可以看到在歡宴裡臥著喝葡萄酒的羅馬人。

證據3，史詩： 在羅馬史詩裡傳頌著縱慾的羅馬人對葡萄美酒的讚譽。

影響： 受羅馬文明統治的歐洲和地中海地區的飲食習慣，也因此受到了影響。從此葡萄的種植、喝葡萄酒的習慣就被帶進了羅馬人統治過的地方。

宗教：基督是葡萄的主人

希伯來人也種植葡萄，釀葡萄酒；基督也來自一個喝葡萄酒習俗的文明。中古時代，一些教堂的花窗上，可以看到基督和他的聖徒坐在葡萄樹上，因為基督是葡萄的主人，神的化身。

天主教：視葡萄酒為聖血

天主教把葡萄酒視為耶穌的聖血，彌撒之後必須傳遞盛在聖杯裡的葡萄酒。我們可以從一些古畫上看到在基督身上呈葡萄酒顏色的聖血從刀痕中湧了出來，而流出來的血，如同葡萄酒，都被收集在大木桶裡的景像。

諾亞從方舟下來時，種了大洪水之後的第一棵樹，就是葡萄樹，因此諾亞成了葡萄農的守護神。這種種的宗教表現都可以說明，葡萄酒文化在西方國家早已深根蒂固了。

高盧人：葡萄酒文化發揚光大

其中曾受到羅馬人統治過的高盧人，也就是法國的老祖宗，卻把葡萄酒的文化發揚光大。

其實葡萄酒文化首先是從羅馬人遺留下來的文明，從地中海、愛琴海上的一些島國、希臘地區和意大利開始的。

當初的意大利靠地中海地區都種植了葡萄，他們的製酒技巧相當進步，米蘭、托斯卡尼、拿波里等公國都擁有自己特色的葡萄酒，只可惜意大利的天然條件、土質以及傳統製酒方式比較統一，不如他們的鄰國，也是濱臨地中海的法國，因為產地天然條件較多元化，反而後來居上，獨佔了鰲頭！

歷史發展 幸運的法國葡萄酒

羅馬人統治影響習俗

中古時代以前，法國南部地中海地區多半受到羅馬人的統治，文化習俗都受到羅馬人的影響。

日照利於葡萄生產

地中海地區的陽光普照，葡萄因強烈的太陽照射，糖份較高，不僅某些葡萄種可以當餐桌上的水果，另外還有某些葡萄種十分適合發酵製酒，因此喝葡萄酒的習慣就從地中海地區漸漸往北傳。

宗教領地 葡萄佃農眾多

到了中古時期，由於天主教的習俗，屬於宗教領地的佃農中，葡萄農佔了相當重要的地位。因此勃艮地地區以及香檳區的葡萄酒都因此而發展。

聖別納教派精簡生活 始創修道院種植葡萄

其中最重要的是天主教中類似清教徒派系的創始者，聖別納（Saint-Bernard）。他看到傳統天主教的奢侈浪費，影響了宗教的信譽，於是發起天主教改革，強調獻身宗教者應該節制，回歸大自然，過著精簡的生活；所有民生需求都由修道院的修士們，以及自願靜修人士親身種植、灌溉農作物。

他們還發明了一種利用水利渠道灌溉的新方法，讓修士們能用自己自足的方式求生；他們也自己種植葡萄，釀造有特色的葡萄酒。從此法國各地區的修道院附近也就漸漸習慣種植葡萄了！隨著天主教的拓展，也帶入了法國人喝葡萄酒的習性。

航海發達 葡萄酒傳遍歐陸

歐洲的經濟很早就發展出來了，而經濟的發展應該歸功於航海業的發達。

15世紀發現了新大陸之後，更改變了歐洲人的生活習慣。從各地運送、交換不同的農業產品，像是香料、咖啡、可可等都讓歐洲上流社會的飲食文化產生巨大的變化，而葡萄酒也因運輸方式的進步，而傳遍了整個歐洲大陸。

法國東西部發展不同

在法國，葡萄酒的發展，也因東西兩部分

的歷史與民情不同，而有不同的結局。

西部地區
皇室通婚 帶入英國上流社會

　　早在中古時期，法國阿基坦省的首都波爾多地區的領主阿蕾幽諾皇后，因嫁給英國國王，把喝葡萄酒的習慣，帶進了英國上流社會，使當地成了法國最重要的葡萄酒出口港。波爾多的葡萄酒也因此而聞名全歐洲。

商品包裝 形塑生活品味

　　17世紀時，英國上流社會的經商方式，早已有了商品包裝的概念。幸運的波爾多名產地的葡萄酒如Médoc之類，因為英國某些高級俱樂部「法國葡萄酒是生活品味的名家」的商業包裝，而產生了英國社會傳統俱樂部喝法國葡萄酒的習慣，甚至開始收藏一些年份較好的名酒的風俗。

　　在18世紀的商業拍賣場上，居然也開始出現了名酒的拍賣。在一次拍賣會上的記錄中出現了一支1771年份的Margaux！

　　於是英國的品味傳了荷蘭、西班牙、比利時等歐洲航海商業比較進步的國度裡，從此在一艘艘的國際商船裡，法國葡萄酒就成了不可缺少的常客！

東部地區
香檳口感 成貴族新寵

↑ 普羅旺斯酒香風光（Domaime le Galantin酒莊提供）

　　上面談到，由於東南部地中海區曾受羅馬人統治過，他們發展葡萄酒的歷史雖然比西部早了許多，卻只有從17世紀末開始，才讓他們的葡萄酒有出頭的機會。當時在法國香檳地區，有一位特別的修士Don Pérignon唐‧培利諾，他發現特殊香檳製造方式，大大改變了香檳省的命運！

　　由於當初凡爾賽皇室和貴族的生活品味，幾乎是整個歐洲貴族傚仿的對象：當法國皇室貴族瘋狂的愛上了這種在當初宮庭名嘴裡

➡ 葡萄園前的玫瑰花圃，
是為了預防根芽蟲害。

所形容的「帶了詩意般小氣泡」的葡萄酒之後，香檳酒不僅成了法國貴族社會所有盛會的愛寵，自然也讓歐洲其他貴族深深的愛上了它。

🍇 健康考量促使流行 產量大增

就在皇室、貴族陶醉在這些神奇小氣泡的世界的同時，身為法國國王路易十四的御醫法恭Fagon，卻改變了勃良地葡萄酒的命運。他用健康的理由說服了路易十四，認為依他的體質，應該多喝比較不傷脾胃的勃良地葡萄酒，於是勃良地葡萄酒在7年之內居然增加了兩倍的生產量。

凡爾賽的習慣當然很快的流傳到歐洲各貴族社會，從此勃良地地區的葡萄酒也正式走進了歐洲上流社會的餐桌上了。

🍇 19世紀 奠定世界地位

不論東西部生產的法國葡萄酒，都要等到19世紀後，才真正奠定了他們在世界上的地位。19世紀是一個人類文明的轉軸，不論經濟、人文、科學都邁入了現代化的第一步。

成因1：移民潮促成美洲流傳

早在18世紀，英國人大批移民北美洲時期，法國有些傳統的酒農也受到了新大陸開闢的理想所吸引，紛紛的移民到了北美。這些葡萄酒農把法國傳統的釀酒方式帶到了美洲，間接的產生了美洲地區的葡萄酒文化。

而當初出口到美國的葡萄種，後來還救了法國本土的葡萄農。19世紀末期在歐洲發生的一種從美國傳來的超強葡萄瘟「phylloxéra根瘤蚜病」，讓歐洲、非洲的葡萄種幾乎全部感染了，當時的法國葡萄農不得已，從美國再進口已經對根瘤蚜病有免疫力的葡萄莖，用接枝的方式，使法國葡萄園再重生。

成因2：交通發達 使出口倍增

歐洲種植葡萄和製酒方法也由英國、德國人帶入澳洲，西班牙人帶到了南美洲等地。葡萄酒轉眼間成了世界性的高級農產品。19世紀的交通更由海運連接到鐵路、路運，讓法國各地生產的名酒可以自由來去，到了19世紀末期，法國不得不開闢大型的葡萄酒港口倉儲，以應付成倍數增加的出口量！

❀ 20世紀 成為生活習慣

　　工業革命、一次大戰之後,讓法國人的生活越來越艱難,為了調劑心靈的鬱悶,喝葡萄酒已經成了法國一般人生活習慣的一部分了。

　　葡萄酒的需求突然大增,不只要供應每個家庭餐桌上的需求,還要應付如雨後春筍般,一間間冒了出來的各地酒館,這時每個農業地區都可生產供應地方需求的葡萄酒。

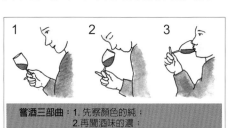

❀ 品管制度 將產地名酒特色定型

　　為品味而設計的高級名酒,競爭性也越來越大,各個名酒廠力求品質比他人更勝一籌,為公平起見,經過所有對品味有共識的專業人士的推動之下,在1935年誕生了法國葡萄酒產地名稱品管制度Appellation d' Origine Controlée簡稱AOC,只有經生產地嚴格的地方特色AOC品管通過的葡萄酒,才能使用產地名稱。

　　因此,每個葡萄酒產地的品質特色就被定型下來,避免其他地區的惡性競爭。

　　這種方式讓法國葡萄酒成了世界各地葡萄酒的模範和指標,從此葡萄酒王國就成了法國的代號了!

天然條件造就變化多端的法國葡萄酒

我們談到法國的葡萄酒一定先要了解法國的地形、土質、氣候,當然最重要的還有葡萄種類,和釀酒師神奇的味覺和調配方法。以下我簡單的說明

適合貧瘠土地

適合釀酒的葡萄個性十分特別。它不喜歡太肥沃的土地,因此葡萄適合生長在各種貧乏的土地上,是適合的土質特色。

土質特色

沙土、黏土、小扁石塊、小圓石頭粒、石灰粒以及石灰岩和灰土質,是適合的土質色。著名葡萄酒產地的土質多半混合了上列兩種或3種不同的土質。

地理環境

最適合釀酒葡萄成長的地理環境,通常都是在河谷向陽面的坡地。

↑ 勃艮地金坡地Vosne Romanée特有的土質。(勃艮地酒莊 Lamarche提供)

陽光品質影響莖藤與花

葡萄莖藤是很特別的植物,性喜陽光,但不須要太多,適量就可以了。陽光照耀的時間過長或過強,都會影響到釀酒葡萄的品質,相對的就會影響到葡萄酒的口感。因為太陽照射的時間太長會影響花的數量,而陽光太強時又會影響到果實的糖份,因此陽光的品質十分重要。

地層下要有適當水分

它根部的個性又相當獨立任性,當它需要水的時候,最好能馬上供應它,當它不需要時,給它太多,會讓它潰爛死亡!因此,深土地質不論是沙土、石灰土或黏土的調配度能適中,在地層下要有適當的水份,這樣它就可以自由發展,隨時可以自己吸收地層下的水喝!

因此有些葡萄園可以種在海拔很高、溫度很低的地區,也可以種在陽光很足的平原或丘陵地上,這就要看這些地區的水份、土質和陽光的品質了!

成熟期酸甜比率 影響發酵

葡萄本身佔了70%到85%的水份,而這些水份到了快要成熟期時,受到陽光的照射之後,漸漸才開始發展糖份,這時酸度慢慢減低,而葡萄本身酸甜度的比率正是影響製酒發酵的重要因素。

所以每年地方的AOC管理中心的專家,為了保持他們的地方特性,必須先勘察當地各個葡萄園的葡萄成熟程度,研究預測那年陽光的品質,才一起決定葡萄收成的日期,以及選擇各釀酒葡萄份量的比例。

因此每個地區的收成日期都不盡相同,而他們決定的理由都妥善的收藏起來,因為這些都是最秘密的商機,千萬不可以流傳出去。

現代酒農:釀酒葡萄影響酒品質

葡萄酒的品質90%決定於釀酒葡萄的種類。這是現代世界性的葡萄酒農的理論,因此有些酒特別強調了葡萄品種,像美國、澳洲、紐西蘭等現代酒農都特別註明了他們的葡萄品種,例如cabernet sauvignon、pinot noir或chardonnay等等較高貴的葡萄品種,認為打上了這些葡萄品種,就是打上了好酒的烙印。

然而實際上,葡萄品種再高貴,如果水質、土質、氣候、釀酒師中間有一層面的缺失,就不見得能產生真正的好酒。

名牌酒成功條件

1.天然環境:

當然某些「名牌」葡萄酒的確因為得天獨厚;不只土質上適合生產「名」葡萄種,地理上能適當的受到優良的陽光照射,而且水質、土壤都能提供葡萄適度的礦物質等等。

2.祖傳秘方:

完美的先天條件,還要加上他們世代祖傳的釀酒祕方。

3.釀酒師調配:

最後經過經驗老到的釀酒師的味覺,像魔術般的調配之後才能誕生。

法國香檳區成功背景

早在香檳特殊氣泡製造方式還沒誕生以前,香檳區的葡萄酒就已經受到老饕們的讚同了。其因素包括以下兩點。

1.土質水質

所在土質含不少石灰岩,土質下方能經常保持相當的溼度,這樣的土質就能讓一些高貴的葡萄品種得到適當的營養,尤其水質的成份含相當高的礦物質,更是附和了它們的喜好!

2.地形

長在la Marne馬恩河谷旁、中高坡度、朝北向葡萄園,正是讓果實受到適度陽光滋潤的好方位。

葡萄藤

1.接枝分芽 確保品種

葡萄藤根部十分脆弱,容易招病蟲害,現

➡ 剪枝後春天的葡萄園
⬇ 剪枝前的葡萄園

代的葡萄農種植葡萄的方式多半採用接枝的方式，也就是使用比較健康的枝芽來分株，如此可以確保好葡萄種的繁殖，另外就是葡萄藤營養吸收的問題。

2.剪枝 種植 分齡處理

一般而言，土質太肥沃，會造化整株葡萄藤的繁殖，當營養都被葉子吸收了以後，叢叢的葡萄藤生產出來的葡萄卻多半沒有利用的價值。

因此法國葡萄農的工作，除了要視每年的氣候、適度的改良土質以外，最重要的還是剪枝工作。一般葡萄農將不同年齡層的葡萄，分開在不同的葡萄園裏，分株後各年齡層的葡萄藤剪枝的數量不同，各種類的葡萄藤固定的方式也不同。

⬆ Muscadet酒農 M.Maillard正在剪枝。

3.成熟植株 調配關鍵

葡萄藤的壽命，有的品種最長可達到一百歲以上，新栽的葡萄枝視不同品種，必須至少等3年後長的葡萄才能使用，而成熟的葡萄藤至少應該有10年以上的歷史，較老的葡萄藤生產出來的葡萄品質通常較穩定。

所以調配各年份的葡萄酒的先決條件，多半決定於較成熟的葡萄藤生產出來的釀酒葡萄。至於老葡萄藤何時必須淘汰、新葡萄藤應該補足的數量、哪些葡萄葡萄藤能被用來分株等等技術問題，都是葡萄農研究的範圍。

🍇 葡萄園景象

1.各有差異

在法國各地一片片的葡萄園裏，有的葡萄園看起來光光禿禿，只有一排排，每株都只有一、兩枝枒藤豎立在那裏；而有些葡萄園卻看起來十分飽滿，一叢叢整齊的葡萄藤非常好看。

2.重視地理位置

葡萄農視葡萄園的地理位置、陽光照射的方位，讓葡萄藤能充分或適量的接受陽光的

摘葡萄現況

1. 酒莊主人第二代Philippe Tissot滿載著一車的葡萄，準備送往農場作處理。
2. 區採完葡萄後壓榨葡萄過程。（蘭格多克酒莊主人Jean Michel提供）
3. 手採葡萄，將黑、白葡萄分開。
4. 要讓白葡萄慢慢腐化的過程。
5. 摘葡萄工人來到葡萄園現場.

滋潤。

3.修剪有秘方

適當的剪掉多餘的枝幹或葉子，讓最有用的枝幹接受太陽的養分才是葡萄農的本領。這些架枝和剪枝的技術，每個葡萄農都有他們的祕方。

季節影響剪枝

這一粒粒由葡萄農血汗擠出來的果實，都是決定將來葡萄酒口感最重要的成員！一代代果農累積豐富的經驗。

1.**夏天**：長果實的時候，必須剪掉影響到果實吸收陽光的葉子，卻又必須保留某些枝葉，爲了遮蓋一點果實承受過多的陽光，以免影響果實的酸甜度。

2.**冬天**：剪枝的要件，是讓葡萄藤在春天時，能長出有用的葉和花苞。

3.**成熟時**：視當地葡萄酒製造的特色來決定採葡萄的期限等等，

🔴 最終要素：秘方和釀酒師

接著這些釀酒葡萄就等著自家的主人用祖傳秘方來調配葡萄酒，或由著名酒廠的釀酒師來挑選。

釀酒師養成

在大學裡專修葡萄酒釀造方法，不只要研究化學、生物學、物理學、地質和農學等等的學科，畢業後還要通過各項特殊鑒定考試後才能擁有釀酒師 Œnologue的資格。

調配過程

釀酒師小心的「培植」酵母氧化發酵的工作；視各種不同釀酒葡萄發酵過程中的微小細菌和酵母之間的發展調配關係，在平穩的溫度下，控制著酒化穩定的程度，這種種的配方和養酒的技巧就成了葡萄酒味道的最終要素了！

🔴 釀酒葡萄選擇條件

釀酒葡萄的成員種類繁多，不勝枚舉。每個國家、地區，每種土壤生產的釀酒葡萄種都不同。

法國本身就有250種以上的釀酒葡萄，而且口味不盡類似，視其葡萄串的尺寸或葡萄粒的大小（作為計算容積的比率），葡萄本身的化學和生物條件（如帶甜度、酸度、丹寧的多寡，或帶了特殊的味道）等，而不勝枚舉。

條件1：依酒類

甜酒 vin liquoreux：酒精成份較高，當然應該選擇糖份較高的葡萄種。

eaux-de-vie：用蒸餾方式提煉，可選擇酸度較強的葡萄種等。

條件2：依氣候特色

葡萄農選擇種植的釀酒葡萄是依當地氣候的特色而定。

有經驗的葡萄農，能明智的選擇適應當地

發 酵 狀 況

酒農檢視各大木桶內不同發酵程度的葡萄酒

酒農正將各酒桶接上抽取葡萄酒機器的管子，準備抽取各桶內特定的數量以便調配自家配方

酒農勘查調配後的葡萄酒發酵的程度

（照片資料由勃艮地 Lamarche酒莊提供）

↑ 勃艮地金坡地Vosne Romanée多變的特殊氣候現象是其他地區沒有的。（Lamarche酒莊提供）

氣候多變地區

選擇十分晚熟的葡萄種，讓葡萄能持續而緩慢的成熟。

🌸 酒化

葡萄酒品質的好或壞，酒化（Vinification）過程十分重要。

酒化元素

葡萄酒酒化的過程中最重要的角色是酵母（levure）和細菌（bactérie），這兩種微生物之間的協調關係。

酒化原理

這些用肉眼看不見的小東西，是決定葡萄汁液能不能轉成美酒的最大功臣。

酵母本身十分脆弱，他們在葡萄汁液中努力的吸收糖份，作氧化的工作，放出大量的熱能，其間如果來不及將糖份轉成酒精以前就死亡的話，葡萄汁液中的糖份就會被細菌分解成酸質，最後逃不了變醋的命運。

因此適合儲存的葡萄酒，酵母的功能必須十分的強壯，才能長期的保存。如此可以解釋，葡萄酒存放的環境以及運輸條件都會改變葡萄酒品質的原因了。

含糖份所需 因酒而異

酒化過程，首先視各地區葡萄酒的特色所需的葡萄成熟度，以決定採集葡萄的時間。

的葡萄種，這是釀造葡萄美酒的大前提；也是現代科技無法取代的一環。

較寒冷地區

可能選擇種植較早熟的葡萄種，以避免秋冬早來的寒氣將會影響到釀酒葡萄成熟的持續性。

炎熱地區

必須避免夏天過盛的陽光，選擇成熟度中等的葡萄種，讓它們可以在秋天溫和的陽光下成熟。

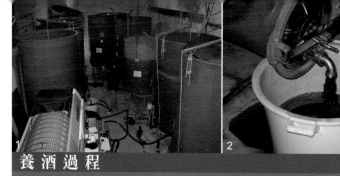

養酒過程

1. 在培養室裡被分裝在各大桶裏發酵的各類單種葡萄酒,正等待酒農從各個大桶裏抽取不同的份量來調配自家配方。(蘭格多克 Clos de Baoceilhac酒莊提供)
2. 將各大桶單種葡萄酒先分別注入各個塑膠桶裏,再由各個塑膠桶抽取出特定數量的單種葡萄酒,集合注入一個為了調配自家特色葡萄酒用的大空桶裏。(蘭格多克 Clos de Baoceilhac酒莊提供)

乾白酒

為保存濃郁的果實原汁味,釀酒葡萄每公升要含190克的糖份。採集的時間比白甜酒所需釀酒葡萄,還早了許多。

白甜酒Vin liquoreux

每公升糖份須達250公克。

紅葡萄酒

適合長期儲存,須等到葡萄完全熟透才可以採集。

Sauterne產區白甜酒

在這些大原則下,卻有些例外。例如頂級的法國波爾多Sauterne產區的白甜酒,為了達到當地白甜酒獨特而濃縮了葡萄菁液的香濃甜美味道,自有其特定的採葡農期;葡萄農須等到一粒粒的葡萄在溫馨的太陽下都「發霉乾瘪」了。

讓這些高貴的霉菌(Botrytis cinerea)慢慢的進行生化作用,濃縮了整粒葡萄本身的糖份,等到這些「糖精」完全滲透了整粒葡萄之後,才可以一粒粒小心的採集下來!

Jura產區 乾麥穗酒

在法國Jura產區的Vin de paille「乾麥穗酒」,也是較濃郁而且極適合儲存的高級白甜葡萄酒。

由於其高山型氣候,秋天較寒,無法將葡萄果實留在葡萄籐上慢慢的「腐化」,當地的酒農將葡萄採集之後,依傳統先將葡萄舖在乾麥梗上,儲存在通風乾燥的室內兩個月之後再釀酒,也是為了濃縮葡萄粒本身的「糖精」之故。

酒化過程

採集了這些葡萄之後,依釀酒葡萄本身的特性而分別進行白酒、紅酒、粉紅酒、甜酒等等各種酒類的酒化工作。

白酒:僅用葡萄原汁釀酒

不論白酒或紅酒都可以使用白汁液的黑葡萄來釀造。兩者之間,白酒須先壓汁濾過,不可以讓汁液接觸到葡萄皮和梗,避免皮梗的單寧和色素,只用過濾後的葡萄原汁置於發酵桶中發酵釀出來的酒。

紅酒:混入皮梗渣

經過壓汁、過濾手續之後,純汁液部分自行發酵,皮梗渣汁液部分另行浸泡發酵,最後純汁的發酵液和皮梗渣汁液的發酵液,再混在一起放入巨型發酵桶裏進行酒化。因此較能保存葡萄與生俱來的丹寧和特殊香料味,這是果實原汁味較濃的白酒無法達到的

← 橡木養酒發酵桶。（勃艮地Lamarche酒莊提供）
↓ 酒莊主人全家福。（勃艮地Lamarche酒莊提供）

意境。

釀酒師 控制溫度 培養觀察

當酒化的工作開始以後，再來就要看釀酒師的本領了。他們必須控制發酵筒的溫度，培養和觀察酵母的生態，以及其他細菌發展的動態、含糖份的程度等等，一直保持酒化的穩定性，才能誕生最佳的葡萄酒！

🍇 釀酒葡萄與釀酒師的合作

葡萄農種植葡萄的過程，就如同培養一個慢慢成長的孩子，花盡了一年又一年的心力，希望養出最完美的釀酒葡萄。而釀酒師在調培的過程中，精心的品嚐著不同特色的新酒，再慢慢的調製出最完美的組合，更像是一個藝術家構圖的工作，絕不可大意，否則經過酒化過程之後，最後的藝術品就達不到完美的結果。因此，這兩者之間互動的關係就是葡萄酒成敗的功臣。

↑ 酒窖充滿黑黴，佈滿蜘蛛網的老葡萄酒。（勃艮地Lamarche酒莊提供）

當代行銷迷思 專制性的葡萄酒品味

19世紀的根瘤蚜病蟲害，並沒有破壞法國傳統釀酒的觀念。不幸的是，現代一些所謂的品酒專家，根據本身的商業利益，居然會讓某些法國酒商改變了他們傳統的釀酒習慣，就爲了附和「品味家」決定的品味！

在法國有某些大酒廠，竟然也爲了應付現代消費群的盲從，以及和「專家」們一起配合的利益，而自動丟棄了他們的傳統風格！

美國人使口味全球化的故事

以下，我舉一個美國人曾經如何想改變法國的傳統葡萄酒品味，成爲美國式全球化口味的一段眞實故事：

口味原本各有差異

在不同的天然條件下，不同土質生出來，就算用同一種釀酒

葡萄釀出來的酒，應該都會帶一股不同的「terroir土」味，必須細細品嘗才能感受出來，而葡萄酒的味道，通常更會因爲接觸了不同風味的食物後，而產生影響、變化。

這個道理就好像我們日常吃的米，在全世界都有米的產地，只是在不同的天然條件下成長後，不僅米的形態上不盡相同，味道也

➡ 堅持傳統釀酒方式的侏羅酒莊M. Tissot 主人Jacques Tissot在自己葡萄園。

↑傳統法國葡萄酒，是用適合在地土質、地形、氣候的釀酒葡萄釀造。圖為隆河谷Beaumes de Venise地區Cassan酒莊葡萄園。

會有差異，對酒來說，甚至發酵釀酒或者與各種不同口味的菜料混合後，風味也會隨之變化的道理是一樣！

專業品味師統一味覺

不幸的是，近代很多美國人的味蕾，已經習慣了依照「專業品味師」的指點：選葡萄酒通常都依照葡萄酒指南書的評價來判定，很少人會好奇的自己去發覺、去品嘗。因此他們的味覺相當的統一化。

而且在美國釀造的葡萄酒，生產方式十分的工業化、科學化。他們能完全控制葡萄酒的風味，讓消費者入口時，就能馬上感受到那股習慣的味道。因此面對廣大的美國消費市場，想進口到美國的法國葡萄酒農，就必須按照美國品酒的評價標準模式而被統一化

了！

可怕的是，美國人這套消費觀念，已經漸漸出口到了全世界各角落，因此，他們的葡萄酒口味也就隨著出口到了全世界各地方，造成了現代世界性葡萄酒品味統一化的現象！

🍇 美國酒商運作壟斷市場

美國的酒商為了壟斷、控制世界的葡萄酒市場，不惜動用資金和媒體兩種資源，想左右法國葡萄酒市場。

財團打造人工酒鄉

美國加州的製葡萄酒工業財團Mondavi，基於與法國波爾多名酒廠Rothschild合作，成

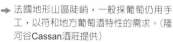
法國地形山區陡峭，一般採葡萄仍用手工，以符合地方葡萄酒特性的需求。（隆河谷Cassan酒莊提供）

功的在美國加洲那帕河谷，建立了一片美國葡萄酒鄉王國的經驗。於是想買下法國西南部Languedoc蘭格多克省一片相當遼闊的山丘地，想在法國本土上，也建立出一個同類型的葡萄酒鄉。

為大量生產 改變天然地形

這個製酒工業財團來到了當地，首先經美國葡萄酒專家的鑒定，決定先要填平整片山丘地，之後再規劃一片片的葡萄園。他們想先填平山丘是因為平坦的地形較容易規劃、種植，最主要是能大規模的生產。

不顧土質 無性繁殖葡萄

經這些美國專家的認定，必須使用美國人習慣的釀酒葡萄種；這些釀酒葡萄種是否適合當地的土質並不重要，他們可以用無性繁殖分株的方式，強迫這些葡萄種活下來。然後再蓋一系列美國式經營管理的大廠房來釀造葡萄酒。

破壞天然條件 違背傳統釀酒理念

這些美國專家的建議，已經與法國傳統的葡萄農生產釀酒葡萄的方式；也就是先視地形，土質和葡萄種的天性，在保持完整的天然條件之下，選擇適合的釀酒葡萄種種植之後，再用這些在當地生產、不同特色的釀酒葡萄，來調配酒味的釀造方式。

美國專家的建議，與此完全背道而馳，因此觀念上，已經讓當地的酒農十分反感。

引發酒農憤怒 選票逼退財團

當時的地方首長被這個廣大的經濟計畫所吸引，十分熱衷，計畫差點就要實施了！可是當地的傳統酒農卻誓死反對，多次嚴重的示威抗議。

加上當地大多數的居民，也沒有被這個

法國酒濃釀酒的葡萄總是堅持適合在地環境的品種。

廣大的就業市場所收買；因此，在這個計畫還沒實現以前，那個地方首長就被選民用選票，把他和美國式的工業葡萄酒計畫都趕出了他們的土地！

轉至義大利 改變原有品質

結果美國財團對這件事十分懊惱，就把投資計畫原封不動的移轉到了意大利托斯卡尼區去。結果意大利照單全收，托斯卡尼本身在歷史上已擁有相當出色的傳統葡萄酒，就因為這些外來的和尚，不僅把品質完全改變了，更無故的被編進某某世界名葡萄酒指南書裡當模範，價格一下被抬得天高，最後只能走出口路線，讓當地熱愛傳統的一般意大利人十分唾棄！

🍇 美國酒評家 壟斷品酒理論

另外，美國有一個十分出名的「酒評家」羅伯‧巴克Robert Parker，作了25年美國權威的酒雜誌的酒評家，出了一系列的選酒指南書，由於他是美國最出名的品葡萄酒專家，幾乎壟斷了品酒理論，結果卻引來了一股巴克口味的葡萄酒風暴，把法國某些具有不同地方風格的葡萄酒通通統一化，就為了屈就巴克的嗜好。尤其是波爾多地區的某些大酒廠，為了配合巴克的客源，差點犧牲了他們傳統的釀酒方式！

🍇 倚靠交情 迎合品味獲推薦

話說法國有個葡萄酒釀酒指導專家米榭爾‧候隆Michel Rolland，與巴克的交情很好。候隆能夠成為法國出名

的釀酒家，最初是由於他把一些聘請他當顧問的法國酒廠，用巴克喜愛的口感來調配葡萄酒，巴克當然會給這些僱用候隆的葡萄酒廠相當高的評價。

屈就建議 名廠陷泥沼

於是，候隆慢慢的就把美國出口市場，和法國一些不太出名的小酒商控制了下來。漸漸有些較大型的酒廠，為了市場也開始屈就於候隆的建議。於是法國波爾多區某些名酒廠也跟著掉入了泥沼。

成酒評家奴隸 法國老饕唾棄

久而久之，這些酒廠品質既無法滿足法國本地的老饕，生產線就只能靠美國的葡萄酒雜誌或指南書，以及候隆的掌控，於是這類的法國葡萄酒廠就變成了美國酒評家的奴隸，品質和產量都無法自行控制了。候隆不只影響到法國某些製酒工業，他也坐著飛機到南美洲、非洲地區，以及世界其他地區的葡萄酒種植區去指點他的釀酒方法！

↑ 在酒窖裡與酒農品酒的感覺。（Maillard酒莊提供）

➡ 波爾多酒廠裡老像木酒發
酵室內的守護神聖文生。

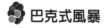 巴克式風暴

新木桶酒化 口味評價被炒作

這樣一來就產生了不少巴克式的風暴。例如，有一年葡萄酒權威雜誌把美國某酒廠某年份的酒褒揚一頓，給了很高的等級。

原因是這個酒廠那年用了一批新橡木桶來完成酒化的工作，新木桶與葡萄單寧結合產生一股特殊口感，巴克十分喜歡這個味道，因此在雜誌和指南書上大作文章，說那年份該酒廠釀的酒特別有香草vanille的芳香，讓美國消費者如痴如狂。

棄舊木桶傳統 改用新木桶

這個評語卻讓一些世代都以發酵了好幾代的舊木桶為榮，或擁有自己傳統特殊酒化方

⬆ 波爾多酒廠不鏽鋼發酵大酒桶。

法的法國傳統酒廠，在那一年接受了候隆的意見，全部採用新木桶來發酵。甚至有些酒廠竟然還直接在不鏽鋼發酵筒裡的葡萄液，混了橡木屑一起去發酵！如此一來卻增加了不少意想不到的成本，這種隨風轉舵的釀酒方式，讓一些沒有大資本的傳統酒農虧損不少，不幸的是，一旦走進了全球性規格的酒商，就必須承擔隨時可能發生的風險，而這種風險有時還比天災還危險！

專業酒評 擴大壟斷

可惜的是，現代世界各地生產葡萄酒的國家，幾乎都受到美國「專業酒評」口味的左右，其中包括了意大利、澳洲、南美洲生產的葡萄酒，都已經被掌握了！

🍷 紀錄片揭發商業控制陰謀

酒評家大談統一口味論

　　前幾年法國人拍攝的一部記錄片，名叫《Mondovino全球化的葡萄酒》，把美國這套媒體控制世界市場的新商業經營方式完全表露無遺！當他們訪問那個決定世界葡萄酒口味的專家候隆時，他大方的談到了：「必須先把全世界消費者的口味都統一化之後，才能凸顯出自己的專業水準，生產出『有規格的品味』。」

愚弄消費者 引發法國人憤怒

　　他的表白，以及如何操縱消費者的品味、把消費者當傻瓜的態度，讓在場看這部影片的法國觀眾都忿忿不平，這部公開葡萄酒口味全球化醜聞的記錄片，讓某些波爾多地區的大酒廠，以及受米榭爾‧候隆擺佈的葡萄酒商坐立不安了好些日子！

🍷 法商買辦 將文化商品化

↑ 卡達珍貴的歷史遺跡讓當地的美酒更令人珍惜。

　　在台灣住了不少年的法國商人René Vienet先生，最初來到台灣時，是法國核能開發公司Alsthom，以及核能廢料處理公司Cogema在台灣的仲介商。且不說他不顧慮到台灣是個地震帶的小島，還將這種帶了某種危險度的核能廠賣給台灣人，從中賺取不少利益。更不談在台灣的幾年中，發現到當地人

↑ 加龍河畔的波多爾市。

對法國文化歷史的不解，趁機投資了不少法國文化媒體商業，賺取了更多看不見的文化財富。

以文化代表之名 行銷商品

　　最近幾年他在法國西南部Cahors地區，投資了一大片葡萄園，買下了一個酒堡之後，再以法國文化代表的專家態度，將Cahors產地的葡萄酒推銷到台灣！

　　不論Cahors地區葡萄酒的等級與好壞，對這類拜金主義的現實法國商人而言，核能廠、文化媒體和葡萄酒都是同樣的「商品」，最主要是商品推銷策略的運用，至於消費者的下場，是不會在他們良知思考範圍中的。

🍷 傳統酒鄉 抵抗機器規化品味

　　所幸世界口味的專制並沒有完全延伸到法國各處，畢竟法國喝葡萄酒的習慣、釀葡萄酒的傳統，已經延續了近千年的歷史了。現代化的科學機器是無法規化他們的口味；他們熱愛法國土地的傳統精神，讓他們能繼續按照先人的習慣來耕耘。法國還是有許多可愛的傳統酒鄉，和味道極佳的葡萄酒值得讓我們去發掘的！

PART 2
法國葡萄酒鄉

在法國不同的葡萄酒產區裡，依地方特性而種植的釀酒葡萄種不盡相同，各有千秋，而且不見得每個地區都有自己地方特色的葡萄種，有些品種幾乎分佈了法國各地。

每一地區的酒農或釀酒家，或者混雜不同種類的釀酒葡萄，或用單一種類卻不同年份生產的釀酒葡萄；或採用不同的比率，或使用不同的發酵方式，或老化的過程不同時，就產生了各式各樣地方口味的葡萄酒！

以Vin出名的區域

法國幾個著名的葡萄酒生產地，以巴黎為圓心，

東：香檳Champagne區、阿爾薩斯Alsace區。

東南：著名的酒鄉勃艮地Bourgogne區、隆河谷區Vallée du Rhône、侏羅區Le Jura、普羅旺斯Provence區、蘭格托克和魯西榮Languedoc-Rousillon區。

西：Vallée de la Loire羅亞河區。

西南：聞名世界的波爾多Bordeaux和其他西南部產區等。

這些產地都以Vin出名，也就是由葡萄本身的酵母菌發酵出來的葡萄酒。

以L' eau de vie出名的區域

像干邑Cognac區，以及西南部雅馬邑Armagnac區，是以葡萄發酵後蒸餾提煉出來，酒精成份較高的L'eau de vie而出名，這些都是屬於法國高級的農產品。

法文裡的「酒」

Vin：用釀酒葡萄本身擁有的糖分經酵母發酵出來的酒。

L'eau de vie：用已經發酵的釀酒葡萄加熱，將其蒸氣收集，冷卻後製成的酒。

↑法國傳統酒莊景觀。（普羅旺斯Domaine de la sanglière酒莊提供）

Paris
巴黎 | 源自中古世紀品酒文化

中古世紀巴黎歷史

巴黎是法國首都，以巴黎現代化的城市規劃，幾乎容不下任何的葡萄藤。如果要談到葡萄酒，就只能讓時光倒流回到中古世紀。當時除了靠河兩岸的人口密度較高，其他地區都是森林區，或農業種地。羅浮宮只不過是個中古的城堡，西提島上唯一的老鐘塔靠在門房旁，賽納河上來往的船隻運來不少外地釀造的葡萄酒或其他特產。

當初因為羅亞河的葡萄酒運到巴黎的時間過長，往往有些葡萄酒已經變酸醋，卻因而發明了法國菜裡特殊的酒醋調味料。這些農產品送往巴黎，因為巴黎是皇室貴族聚集的地方。

巴黎人喝葡萄酒歷史久

巴黎人早有喝葡萄酒的習慣，不論貴族或平民都喝葡萄酒。巴黎一直吸引著很多從外省來討生活的人，長期在固定餐廳進食的外鄉人，有自己的餐具和葡萄酒，這類社區小餐廳必須和巴黎附近或其他省份的葡萄酒商長期合作，將一桶桶葡萄酒運到餐廳，顧客喝多少算多少，月底再結算餐食和葡萄酒費用，（法文有句話叫「記在黑板上」，就是早期酒館有專門記欠帳的黑板之故，現在成了欠帳的俗語）因此葡萄酒的消耗量十分可觀。

↑法國特有的嘗酒吧。

僅剩葡萄園在蒙馬特

如果真想看看巴黎唯一保留下來的葡萄園，就只能上蒙馬特山區，在聖心堂的後方，老蒙馬特紀念館的公園旁邊。這個精巧可愛的葡萄園就是當初整片山丘葡萄園僅存的碩果。每年2月底蒙馬特葡萄酒農節，可以看到穿著不同服飾的酒農從各地來參加盛會以及掛滿了膠製紫葡萄的店家。

蒙馬特畫家村 因酒館聚集

現代人把這區稱為畫家村，應該歸功於當初那些酒館吧！

早期：

蒙馬特山區以葡萄園出名，當地酒館普

1. 蒙馬特山上留下唯一的葡萄園
2. 從外地來參加葡萄酒慶，穿著地方特色的嘗酒協會員。
3. 蒙馬特山上酒館鐵質店標。

遍，有些也以餐食和藝人表演取勝。

19世紀：

　　漸漸變成歌舞秀餐廳，一些較叛逆或反傳統的藝術家都在這些地區交際，創造了一股新的藝術觀。

代表：

　　圖盧士・羅特克就是紅磨坊的專業畫家。印象派大師莫內、雷諾瓦等人和文豪左拉

1. 蒙馬特酒慶來自不同地區的
   當酒協會旗號。
2. 蒙馬特山歌劇劇院。
3. 舊日葡萄酒倉儲區改為現代
   商場
4. 舊河港葡萄酒倉儲

等，最喜歡在當地的一家酒館「Aux billards en bois」吃飯，喝酒，討論，找靈感。

梵谷的名畫《La Guinguette》就是畫這家酒館的露天餐座部分。

巴黎葡萄酒文化留下唯一遺跡

畢加索著名的畫室「bateau-lavoir洗船屋」就在當今巴黎僅存的葡萄園附近。

18區白酒街名

巴黎的土壤十分適合葡萄的生長，因此，在巴黎當初靠近修道院附近都種植了葡萄

昔日市郊 省稅買醉
18 19 20區酒館聚集

在18世紀以前，巴黎市中心的結構，還只限於舊城牆裡，靠賽納兩岸地區。當時運送葡萄酒的船運，轉進巴黎城前不必付稅，一進巴黎市就須繳稅。北部和東北部，18、19、20區如蒙馬特Montmartre，美麗城Belleville和美尼蒙東Ménilmontant等地，當初未被規劃入巴黎市中心，為了省稅的巴黎人，習慣到這些近郊去買醉。這些地區自早就以酒店（auberge）出名，也是著名餐館的集中地，和社交場所。到現代還保留了通俗的酒吧和餐館，甚至有藝人駐唱和表演，也因此誕生了康康舞秀。

3

園。當初巴黎的葡萄酒以白酒出名,而且聽說是極品。巴黎的18區,現在還保留了一條街名叫「金點滴La Goutte d'or」,可想像當初當地出產的白酒其價之高了!

代特殊風味的嘗酒吧和餐廳,佈滿各種名牌的outlet店,成了巴黎東邊最重要的「血拼」區!

🍇 舊日Bercy卸貨港口倉儲
現代品酒餐廳名牌店

當葡萄酒的船運經馬恩河轉入賽納河之後,繼續駛向巴黎Bercy港口的葡萄酒儲倉卸貨。舊日Bercy一落落的高級葡萄酒倉儲,今天只保留了外觀以及一些舊葡萄酒木桶和舊日的名稱。目前當地的彎曲小街都還使用法國頂級葡萄酒命名,還興起了不少現

4

Champagne
香檳 | 香檳酒發源地

馬恩河谷最美的風光是從Château Thierry到Epernay這段葡萄園區。中高的山丘佈滿了葡萄園， 從高處遠望過去，

向陽部分：葡萄藤整齊劃一，隨著陽光照射角度的不同，把叢叢的葡萄葉染得有深有淺。

背光地方：只見一般類似玉米的農作物，與富貴的葡萄園遙遙相對，身價卻截然不同。

越往東行，葡萄園的風光就越佔據了所有的景觀，整體一方塊，一方塊的葡萄園中，偶爾突然冒出某小鎮教堂的尖塔和十字架，甚是好看。

香檳區的葡萄園比較出名有3部分：

1.馬恩河谷Vallée de la Marne，
2.漢斯山丘Montagne de Reims，
3.白酒坡地Côte des blancs。

這三個地區都是屬於小丘陵，除了在谷邊丘陵上種了一片片的葡萄園之外，其他部分

⬇ 偶爾凸出教堂小尖塔的漢斯山丘小鎮風光

香檳區地圖

Laon - Calais
Laon
Luxembourg
Soissons
N 31
N 44
A 26
RD 380
A 4
Paris
REIMS
N 44
Sortie REIMS-CORMONTREUIL
Châlons
A 4
Châlons-Troyes
RILLY LA MONTAGNE
MONTCHENOT
VILLERS-ALLERAND
AUDES
CHIGNY-LES-ROSES
MAILLY-CHAMPAGNE
VERZENAY
LOUVOIS
EPERNAY

⊞Lefèvre-Beuzart酒莊提供

↑一落落整齊劃一的葡萄園構出了香檳酒區風光。

都充滿了樹林。而這些葡萄園多以朝北向為主，當然都是為了陽光的需求。

地質

馬恩河谷以及漢斯山丘一部分地帶，因靠河流之故，其土質多沙和黏土質混合，最適合個性強烈的pinot noir和果味濃厚的pinot meunier兩種釀酒的黑葡萄種。

白酒山脈多石灰質層和石灰石含鈣的土質，卻是圓滑穩重的chardonnay白葡萄種的最愛！

氣候

7、8月的陽光十分充足而固定，讓葡萄緩慢、漸次的成熟，正是符合好的釀酒葡萄成長的要件，因此早在羅馬人統治的時代，當地就已經是滿山遍野的葡萄園了！

釀酒葡萄

以上所提到的香檳地帶最主要的3種釀酒葡萄，是當地各酒廠經傳統經驗的累積後，最受歡迎、最普遍的釀酒葡萄種。

一般酒廠多半使用各年份所生產的不同葡萄種類來調配；只有在天然條件特別好的生

香檳釀法的發明

■年代：1715年

■發明者：Hautvilliers奧特維理耶修道院裡的葡萄酒研究修士，唐·培利諾。

■影響：這種關住葡萄酵母菌氧化後排出來的二氧化碳氣泡的方法，風行全世界，創造了開瓶時氣泡猛力沖出來的樂趣，以及一粒粒晶球般的氣泡，混在酒味中特殊口感的葡萄酒。他的發明讓原本已經十分珍貴的香檳葡萄酒，更進了一層！

■原理：當葡萄酒在大酒桶中初次發酵後，裝入酒瓶中時，酵母菌還會繼續在瓶中氧化，排氣，作第二次的發酵；只要順序不停的轉動酒瓶，讓酵母不時的移動位置，排出來的氣就能均勻的分佈在酒瓶內。

從平行轉動，再緩緩傾斜，一直到瓶口朝下，漸次的把酵母逼近瓶口時，只用一點氣泡的力量把酵母排出去，再把剩下的氣泡快速的關了起來，這樣就能保存這些酒中氣泡，等到再開瓶時，這些氣泡就能自由發揮它們的功效了。

➡Lefèune-Beuzart香檳酒農一家人裝瓶樂融融。

↑夏日香檳區葡萄園風光。
↓香檳區漢斯聖母大教堂。

產年份,才會完全使用當年生產的各類葡萄
種來釀造,因此在標籤上會特別打上當年的
年份。

　　釀酒師使用當地幾種主要的釀酒葡萄種,
或添加其他的副葡萄種,按不同的比率釀造
出來的,白、粉紅、甜、乾或半乾的著名香
檳酒。

最出名城市:首都漢斯 Reims

　　中古時期已經是法國東部最大的布料市
集中心,因此商業往來相當密集。加上當地
葡萄酒業的發展,從中古時代開始就十分富
有了。豪華的建築,高級的餐館比比皆是。
漢斯城裡,聖母大教堂更可以證明中古時期
當地的富饒。從西元496年當地的主教Saint

Rémi替Clovis國王在此地加冕之後，奠定了法國君權神授的基礎，聖母大教堂就成了歷代法國國王加冕的大教堂了！

著名酒窖集中地
酒都Epernay耶佩內

取名「香檳」的街道上，一家家著名的酒廠排成一列，其中買下了奧特維理耶修道院，最出名的Moët et Chandon酒窖裡，每天接待從世界各地成群來參觀酒窖的觀光客，其最高級的香檳特別命名Dom Pérignon唐·培利諾，為了紀念香檳區最重要的人物！

香檳區的重要性

1.目前已經有超過120家以上的香檳酒廠。

2.葡萄園區佔全法國的2%，

3.香檳區酒廠不願像波爾多酒商一樣，不停的擴大產區，寧可在侷限的產地下，把持一定的規格與水準，香檳的價格就因供不應求而一直保持居高不下的程度。雖然如此，喜愛香檳的人還是趨之若鶩。

香檳酒特色

本區專屬：香檳酒

法國其他地區也有類似香檳的釀酒方式，造成早期的惡性競爭。由於AOC的設定，現在只有在香檳區用香檳釀酒方式生產，經AOC鑑定標準的葡萄酒才能稱香檳酒。

其他地區：氣泡葡萄酒

不在本區生產、以類似香檳方式製造的葡萄酒就只能稱為les vins mousseux，也就是氣泡葡萄酒。

香檳酒的歡樂

一支瘦長窈窕、冒著細緻氣泡的酒杯，依靠在一瓶瘦瘦瓶頸、胖胖身軀的大酒瓶旁，這象徵著法國式的歡宴；只有香檳酒才能表現出歡樂的氣習。

當「乓」聲響起，圓圓大大的酒塞飛了出去，掉到某人的頭上時，當事人不僅沒有愁容，還會欣喜滿面，其他人更會上前去恭喜他！世界上只有香檳酒才能擁有這樣的性格。生日的場合，除夕倒數記秒的夜晚，沒有了香檳，可能比天塌下來還危險呢！

↑香檳區特殊宗教性質的葡萄酒慶。

Alsace
阿爾薩斯 | 知名白酒產區

↑ 阿爾薩斯小鎮多色調、佈滿花卉的風光。

繼續往法國東部，一直來到了萊茵河畔、法德的邊境省，阿爾薩斯是法國酒鄉風景最具特色的地區。

文化特色

方言：日耳曼語系

傳統：法國文化

阿爾薩斯人保留了他們的傳統和方言。造成當地特別的文化風俗。由於他們的熱愛傳統，因此當地的文化遺產保存的比法國其他地區還完整。

童話世界般的風光

色彩鮮豔的牆壁，佈滿花卉的陽台，中古式的小木樑屋，精巧別緻的教堂，別具特色的店面，掛在酒館外繪出葡萄農忙精巧的銅招牌，迷宮式的羊腸小徑，光燦的陽光，加

上好潔淨天性的居民的維護,讓人不論經過當地那些城鎮,都有種進了童話故事世界的純淨感!

想像這樣的風光就襯托在方塊整齊、綠油油的葡萄園中的景色了!這種種的美景就是從阿爾薩斯省的Sélestat直線往南到Colmar之間的城鎮風光了!

↑阿爾薩斯特色的店標誌。

白酒為主

阿爾薩斯以白酒為主,是唯一不論是使用黑葡萄、粉紅葡萄、灰葡萄或白葡萄等釀酒葡萄,都使用白酒的釀造方式。除了少數混了兩種以上

↑阿爾薩斯酒標籤

的釀酒葡萄,絕大部分是以單種釀酒葡萄來釀造;因此名產區的葡萄酒在標籤上都還註明了葡萄種,這是當地葡萄酒特別的地方。當地出產的葡萄酒,名聲早自中古時期就已遠播全歐洲了。

阿爾薩斯葡萄酒出名的條件

位置:位於Vosges山群,中高或低丘陵區

地形:河谷地帶,以及廣闊的平原部分。

地質與影響:當地地理發展起源十分久遠,含蓋不少史前的火山和原始森林,因此土質種類繁多,混了單種或多種的晶岩礦物質、沙、黏土、黑土、石灰岩、火山岩、煤礦石等不同的土質,有肥沃,有貧乏。適合不同類型釀酒葡萄的生存,因此當地各名產區的酒都依傳統經驗,視其地理條件的不同,而種植適當的釀酒葡萄。

氣候與影響:受到Vosges高山群以及黑森林的保護,沒有風的威脅,基本上屬於大陸型的氣候,春天時有晚雪與冰雹;夏天乾熱多陣雨;秋天晴朗乾燥,陽光十足;這些條件可以讓葡萄群能在適當的環境下,緩緩的成熟,而且能夠充分的保存葡萄本身的特色與風味。

4種釀酒葡萄

這些重要的AOC產地,只能用4種合乎標準的釀酒葡萄,1.Riesling,2.Gewuztraminer,3.Tokay(pinot gris),4.Muscat。

節慶與葡萄酒文化

阿爾薩斯當地的傳統文化也和他們的葡萄酒文化有關。

中古小鎮Ribeauvillé

每年葡萄成熟時的採葡萄慶，是許多城鎮最重要的節日之一。其中以Ribeauvillé中古小鎮最具特色。

當地首都Colmar

最重要酒鄉，有小威尼斯之稱的水城。8月份，一年一度的葡萄酒市集，一桶桶的白葡萄酒「流」了滿市鎮，身穿醒眼的綠、紫、黑、白色圖案傳統服飾的舞者隨著傳統音樂而起舞。

Kientzheim小鎮

這裡不僅以葡萄酒出名，另外還有白鸛公園，是該省最具代表性的白鸛鳥園。復古的情趣、半醉的飄飄然、歡樂的氣氛充滿了各個街道！童話故事中，嘴尖尖、刁著出生嬰兒到人家門口的白鸛鳥，就是阿爾薩斯省最特別的象徵。整個阿爾薩斯省內，不論大小城鎮，都可以看到自由飛翔的白鸛鳥，而在比較高的尖塔頂上，隨時可以看到一巢巢的白鸛鳥巢。

特產美食

阿爾薩斯不僅葡萄酒出名，美食也相當重要。來到這裡的旅遊者，通常都是老饕。

當地最出名的特產，是使用當地著名的白葡萄酒煮出來的名菜「酸白菜臘肉香腸煲」(choucroute)或「用豬與牛肉混合馬鈴薯煮成的燜蓋鍋」(baeckaoffe)等；以及阿爾薩斯式肥肝，各類香腸，和可口的甜點kouglof等等，都令人垂涎！

當地年年吸引著可觀的德國旅客。德國觀光客只要過了萊茵河邊境，就可以馬上享用又便宜、又難得的人間美食；難怪讓這些在自己家鄉難得吃得到好東西的德國饕客絡繹不絕了！

這些美食通常會與一只身體窈窕瘦長的綠色酒瓶，和細長綠杯腳大圓口酒杯，放置一起，出現在當地的明信片上，代表了阿爾薩斯的葡萄酒文化。

↑阿爾薩斯地方色彩的葡萄酒慶

Bourgogne

勃艮地 │珍貴頂級名酒產區

↑ 勃艮地葡萄園全景

從阿爾薩斯往西再南下，就是勃艮地了。

說到勃艮地，大家一定聯想到葡萄酒。一般人總認定當地的葡萄園相當寬擴廣大，才能生產供應全世界各地的品味家。事實卻完全相反，勃艮地葡萄園佔地並不大，幾乎是所有生產地中最小的一塊。

稀少珍貴的頂級名酒

然而在當地特殊的地質和氣候下成長出來的釀酒葡萄，卻是十分難得的頂級品質。而且這些良好的釀酒葡萄園，只集中在離狄戎(Dijon) 北方100公里處，靠Yonne河谷三角地帶，以及一小塊、一小塊像拼花圖案構出來，細細長長，長約150公里的頌(Saône)河

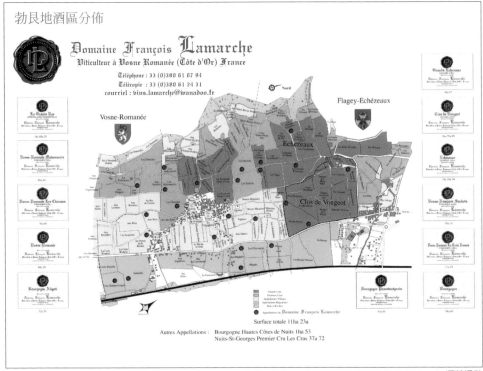

谷向陽地帶而已，因產量稀少珍貴，而造成了它的名氣。

特殊地質造就名酒

在這片不大的釀酒葡萄園區裡，卻可以生產出上百種AOC不同命名的好葡萄酒！另外最特別的地方，是在同樣的一小塊產區裡，可能某地生產出名的紅葡萄酒，不到幾公里的隔壁卻能以白葡萄酒而成名！這些密密麻麻大小不一的生產地，每小塊地方都能生產出各有千秋而且聞名世界的葡萄酒，最大的原因在於當地特別的地質。

釀酒歷史

數千年前羅馬人種植葡萄：這些斷層土質對其他的農作物也許沒有什麼好處，可是在幾千年前的羅馬人，已經了解到這些土質對葡萄種的好處，早已發展出種植釀酒葡萄的農業了。

中古修士研究地質：真正讓當地葡萄酒品質達到頂級的，卻是中古時代，住在當地的天主教聖別納教派的修士們。

他們專心的研究當地釀酒葡萄所適合的土地，因為他們各有各的修道院，於是各個修道院就擁有自己的葡萄園，用圍牆分開。因此

◀ 勃艮地地區深具地方特色的建築造型

功力，因此有些頂級而珍貴的好年份勃艮地葡萄酒，成收藏家的最愛。

酒汁名菜美食

勃艮地圓圓身軀酒瓶裡的葡萄酒，也造就了當地美食的盛行，因為名酒好菜是不可分開的。他們的名菜相當多，其中用葡萄酒燒出來的菜不少，最普遍的是「紅酒燉牛肉」(bœuf bourguignon) 幾乎是家喻戶曉的法國菜。

另外用類似方法燒出來的菜還有「紅酒汁燙生雞蛋」、「勃艮地酒汁燒蝸牛」、「紅酒燉公雞」(coq au vin) 等等，都是用勃艮地紅葡萄酒加料醃浸24小時之後，再用小火慢煮出來的酒汁名菜。因此當地年年都匯集了眾多崇拜法國菜的老饕們。

產生了當地最高等級葡萄酒都用「Clos」這個字，是修道院的庭院之意。

影響的氣候

勃艮地的氣候受到從西邊來的海洋性氣候環流、東北邊的大陸型氣候，以及南部的地中海型氣候，3種氣候型的影響。

越陳越香 收藏家最愛

當地的釀酒葡萄種相當單純，黑葡萄種最主要為Pinot noir，各產區釀出來的葡萄酒特色雖然各有千秋，最主要還是它越陳越香的優點。

一般好的勃艮地，都必須儲存一段時間再喝，才能發揮它真正

▲勃艮地金坡地紅酒標籤

觀光重鎮伯恩Beaune

博恩市本身的觀光價值很高，勃艮地地方特色的建築，黃綠的彩色馬賽克拼花式的外觀，十分好看。中古以前，勃艮地公國十分富有，幾乎超越他的主人法國國王，公國的領主在英法百年戰爭期間，還曾

與英國人合作背叛過
法國國王，英法百年戰爭結束後，被法王路易十一收回了領主權。從此勃艮地的財富才正式歸入法國最重要的資源。

伯恩6月市集
頂級好酒拍賣傳統

博恩市裡，以前曾是平民醫院的Hôtel-Dieu，每年6月不只有葡萄酒市集，有時也舉行當年份頂級好酒的慈善拍賣會。這些拍賣會只供專業者之間的買賣。這些參加拍賣的人，每人都事先嘗過這些將會變成陳年好酒的頂級新酒，才能決定自己的出價。

由於這些都是難得在世面上出現的頂級酒，交易量都是上千或上萬歐圓，所以一般非識貨者免進。拍賣場合十分熱絡，拍賣所得部分必須捐給醫院幫助無錢就醫的窮人，而當年度參加拍賣的好酒就以得標人的名字來命名，是當地樂善好施的傳統特色。

嘗酒騎士協會
葡萄酒文化推展中心

另外，勃艮地地區也是天主教聖徒，聖別納所創的Cîteau教派的發源地。從13世紀以後，當地的修道院嚴謹的遵循聖徒創下來，

自己自足的勤儉生活方式，因此當地的農業發展，就在這些專注研究的修士們的經營之下，創造了不少新的灌溉、種植技巧。在葡萄農業的貢獻上，更是讓勃艮地葡萄酒的名聲傳遍全世界。

當地最有名的Château du Clos-Vougeot酒堡，就是這些修士們創立的。當初這些修士的釀酒研究室和發酵桶，現已經供大眾參觀；而該地從1934年創下了「Confrérie des Chevaliers du Taste vin嘗酒騎士協會」，成了勃艮地地區最重要的葡萄酒文化活動及推展中心。

聖徒慶迎神 歡樂洋溢

當地的葡萄農十分傳統，像所有的農人一樣，因為必須靠天吃飯，因此對宗教十分虔誠。天主教聖徒中聖文生Saint-Vincent為當地葡萄農的守護神，在勃艮地的葡萄農家裡，各個都供奉了聖文生。

每年固定的聖徒慶（1月22日）是當地最重要的節慶，有點類似台灣的迎神廟會，每年各村落所舉辦的聖徒慶中，輪流將他們的聖文生迎接出來，先隨著宗教人士一起遊行，之後再舉辦慶典。

當下輪到的舉辦村，不只要出錢舉辦慶

↑ 勃艮地具地方特性、用彩色瓦礫蓋頂的城堡。
↖ 橡木養酒發酵桶（Lamarche酒莊提供）。
→ 勃艮地區羅曼式老教堂。

典，還要將自己的村落打扮得漂漂亮亮；各屋前的草叢上，街道兩旁的矮樹林上，村裡的大樹上到處都結上了假花卉；萬紫千紅，就為了迎接即將湧到現場的拜訪者和遊客。好客的酒農用他們珍貴的葡萄酒熱忱招待他們的訪客，至於一般遊客也可用廉價嘗到各類頂級的好酒，歡樂的氣息到處洋溢著！這些都是各村的葡萄農工作辛苦了一年，在冬天農閒時，全村的葡萄農聚集在某家的壁爐前，嘗著各夥伴的好酒、美食，飄飄然下，一起研究討論之後組織出來的慶典！

Beaujolais
薄酒萊 | 濃郁果味酒產區

至於勃艮地最南端，十分出名、高級的葡萄酒，薄酒萊Beaujolais葡萄酒的發展，有必要特別提出來說明，尤其近幾年來，全世界對該產區的新酒幾乎已經到快瘋狂的程度了。

經日本酒商近年的鼓吹，帶動以每年十一月第三個星期四為薄酒萊新酒該年度全球統一上市的時間，此行銷手法在媒體推波助瀾下，成為一股流行風潮。台灣這幾年每到十一月，媒體更是熱衷炒作，掀起一股薄酒萊新酒購買熱潮。

↑薄酒萊的新酒登場了！

薄酒萊紅酒釀法不同

一般紅酒釀酒發酵：將採下來的葡萄連皮或與梗一起混合壓榨後，汁歸汁發酵，渣歸渣發酵過濾後，兩者最後再一起混合發酵，釀酒。

薄酒萊產區紅

↑薄酒萊mercurey紅酒

葡萄酒發酵：將剛採下來，成熟而保持完整，連梗的葡萄串，小心的放置於加蓋的大桶裡一起浸泡著，幾天後，擠在一大桶裡成堆的葡萄串，在互相壓擠之間會生出葡萄汁，這時酵母緩慢的將糖份轉為酒精，滲透到一粒粒被包在果皮內的各個果肉裡，在各果粒內自行氧化所排出的二氧化碳，能漸漸的平衡各個果粒體內的酸性菌，

薄酒萊特色 濃郁果味

這種特殊的釀造方式，使薄酒萊的新紅酒，能在剛釀造出來，就能同時保存濃郁的酒味、果香和單寧的特色，這是一般以嘗新

爲主的葡萄酒達不到的境界！因此薄酒萊的
新酒每年味道不同，就在於年年生的新鮮果
實味的特性了，有時會出現森林野草莓的味
道，有時卻會出現覆盆子果味道，基本上的
味道都介於不同種類的野林果味。

美食城里昂與薄酒萊

　　文化上，由於薄酒萊葡萄酒產區，最接近
法國第三大城市；里昂城。是供應里昂市最
主要的葡萄酒來源。

　　里昂市在法國是最出名的美食城、名貴餐
廳、大眾化食堂比比皆是。

　　大眾化的餐廳在里昂市有個很特別的名稱

叫「Bouchon」（瓶塞之意），是當地的俚
語，因爲這些餐廳地方小，人擠人，是非
常熱鬧的平民餐廳。薄酒萊地區價錢公道
的葡萄酒就成了這些小餐廳客人最主要的
消費品。

　　每年薄酒萊各產區新酒剛釀出來，就同時
往里昂所有的Bouchon裡運送，久而久之竟
成了一種習俗，大家都習慣在同一天到小餐
廳或酒店裡嘗嘗剛出來的新薄酒萊酒，後來
也成了親朋好友聚會的理由之一，因此漸漸
的竟然成了全法國同時嘗當年出的薄酒萊
葡萄酒的文化，現在居然變成全世界同時品
嘗當年新出的薄酒萊葡萄酒的文化！

Vallée du Rhône
隆河谷區 | 亞維農文藝遺跡

里昂以下到亞維農之間，隆河谷的兩岸山坡地帶，加上盧貝宏地區，俗稱隆河谷區，也是出名的葡萄酒產區。是法國地區最早發源的葡萄園區，其釀葡萄種可能源自於希臘或腓尼基地區。

歷史發展

1.經商的希臘人、腓尼基人帶入葡萄種及釀酒技巧

里昂在羅馬人統治時代是高盧人的首都。各地商人前來作生意，也帶來了他們的生活習慣，其中希臘人或腓尼基人帶來了釀酒技巧和釀酒葡萄種。而誕生了隆河坡地Côte du Rhône葡萄酒的名氣。

2. 釀酒名聲 因教宗聖地遷入而起

14世紀天主教宗席位聖地被搬到了亞維農，當時為供應教皇的葡萄酒，宗教界葡萄酒釀造師研究改良當地葡萄酒，加強了當地葡萄酒的名聲。

3.宗教戰爭 葡萄酒漸式微

可惜經宗教戰爭的影響，當地的葡萄酒漸漸式微，加上當時當地的交通不便，更無法與已經有歷史價值的勃艮地和波爾多競爭。

4.河運17世紀發達後 擠入市場

直到17世紀河運發達後，才漸漸擠入市場，而且名聲超越了其他南部地區的葡萄

🍷 隆河谷酒區高低不平成階梯式的坡地俗稱 "Cholei"

↓隆河谷Cassan酒莊主人夫婦站在高地上環視他們生長在峻陡斜坡上的葡萄園。

↑Château Raspail 酒莊酒窖裏的大木桶。

→Chteau raspail酒莊全貌。

酒。在AOC基礎奠定了之後，總算在葡萄酒界佔了一個不可忽視的地位！

隆河谷葡萄兩大產區

北隆河產區

位置：成長型，緊靠著隆河兩岸細長的山坡地。

地形：屬階梯式層次坡地，這種階梯型坡地在當地稱為「chalais」。

土質：多石頭岩層，土質層單薄且較脆弱，是屬於乾熱的氣候型。

釀酒葡萄種：多半較堅韌的種類。如黑葡萄種最普遍的就是從波斯移民來的La syrah，而白葡萄種則為la marsanne，la roussanne或le viognier等。

重要產區：包括，因羅馬時代遺留下來的許多古老廢墟而出名的首都Vienne城附近的產區Côte-Rôtie，還有Condrieu和Château-Grillet、Saint-Joseph、Cornas和Saint-Péray以及Crozes-Hermitage等地。最後還有躲在避風山谷處，湖光山色、景色宜人，因擁有該產區最佳地理條件而產生的名產區Hermitage。

另外，以白葡萄酒出名的Diois產區，則擁有隆河支流盾Drôme河谷自成一格的黑土質，相當適合在地中海型氣候及地質下生存

隆河谷區

1、2、3 隆河谷Château Raspail酒莊Christian Meffre先生提供的隆河谷名勝風光。
Christian Meffre是當地副市長，他很歡迎亞洲人到訪，當地景物十分原始，一般外國遊客很少到訪。

的白葡萄種clairette以及muscat兩種釀酒葡萄的生存。

南隆河谷區：

地質：較前者優良。

地形：呈河谷盆地，河谷兩岸多中高丘陵，

土質：多石灰質。

氣候：屬於地中海型的乾熱氣候，雖然沒有普羅旺斯地區的地中海風暴；仍然受到地區性小型風暴的影響。

葡萄酒特色：當地所產的葡萄酒，各產地的質感情趣各異。

各產地都以紅、白、粉紅3種酒出名，是品質最多樣化的產區。

頂級產區：以西元1316年在隆河地區的第二代教皇約翰12世時代所創的御用葡萄酒Châteauneuf-du-Pape是當地最出名的頂級葡萄酒產區，也是隆河坡地的首都。

當初的輝煌，現在僅存了教皇時代所蓋的城堡廢墟；站在廢墟上，隆河山谷風光盡入眼簾，視覺十分遼闊壯觀。是當地難得的旅遊勝地。

兩個最重要產區：Beaumes-de-Venise是採用

↑Beaumes-de-Venise特殊的廢墟景觀。

muscat白葡萄種所製的白甜酒，適合嘗新冰鎮飲用，不太適合儲存。而Le Rasteau產地，則是用Grenache noir黑葡萄釀造的紅甜酒，與前者相反，正適合儲藏後才飲用。

亞維農文藝遺跡

隆河山谷地帶，結合不少名勝古蹟，由於十四世紀教皇的關係，當初的地方公爵權力相當大，地方歷史文化相當富饒。

其中以亞維農為文化中心，我們可以從當時留下來的教皇城堡，回顧當初與意大利天主教聖地相抗衡的文藝遺跡，另外當地夏天出名的戲劇節，吸引了每年上千萬的街頭藝人，以及熱愛戲劇的觀光人潮。

值得一提的，是當地設在Suze-la-Rousse一座12世紀時代Orange省城舊領主狩獵城堡裡的「葡萄酒大學」，設了不少專門研究部門。學院的創立只為了對葡萄酒的專注！

↑VALRÉAS

河谷氣勢壯觀
城堡廢墟別具風味

隆河谷兩岸因阿爾卑斯突出的衝勁，造成當地不少斷崖和階梯層，因此河谷的氣勢十分壯觀。山頭上，斷崖邊，偶爾會發現一些舊時代的城堡廢墟，到處充滿了別具風味的景觀。

因此隆河谷的風光不只值得流連，也是許多擁有度假屋的有錢人集中地。尤其是盧貝宏的風光人情，吸引了不少像梅爾之類的英國人，是外國人最喜愛的觀光勝地。當地的美食可以媲美勃艮地，也有許多用葡萄酒煮出來別具風味的美食，配上類似勃艮地的葡萄酒但價錢卻很公道的地方好酒，隆河谷成了旅遊與美食結合最佳的去處。

↑SUZE-LA-ROUSSE

Le Jura
侏羅 | 出名特產Clavelin

侏羅在勃艮地的東邊，也是相當出名的葡萄酒產地。19世紀，第一個發現葡萄酒裡酵母發酵以及酸性菌之間的生化功能原理的生物學家Louis Pasteur路易巴斯特。巴斯特就在此地出生，對於法國葡萄酒的酵母培植，改良酒化功能的研究與發展有相當貢獻。

葡萄酒發展史

當地葡萄酒的發展淵源相當遙遠。曾一度與勃艮地、波爾多等地齊名過。只是侏羅地區早在16世紀就誕生了許多非貴族式或宗教式，類似平民化獨立的葡萄農，傳統上，這些葡萄農民的地位十分平等，多半以釀造大眾化的葡萄酒爲主，高級葡萄酒反而較弱勢。直到1960年之後慢慢轉入高級葡萄酒的研究路線，才重拾了過去的地位。

自然條件

氣候：侏羅高山群部分，冬天十分寒冷，陽光並不充足。但是躲在高山後，向陽的河谷坡地卻是十分隱密而良好的葡萄園地。

地形景觀：丘陵和斷層林地上的葡萄園，景觀十分奇特。

↑ 侏羅街道的閒情

釀酒葡萄：雖然處於較優勢的地理環境，不論其陽光或雨霧都是葡萄的良友，可是冬天的嚴寒，卻不是一般的葡萄種能承受得了。當地葡萄農卻早已找到了一些不但能適應當地氣候，甚至由於當地特殊氣候的影響而產生出特別風味的釀酒葡萄種了。

最出名的特產 Clavelin
可保存一世紀以上

在白葡萄種中相當耐寒，且本身具有獨特味道的le savagnin是釀造當地「Le Vin Jaune

黃酒」專用的釀酒葡萄。

這種必須在228公升的大木桶裡，只填八分滿的葡萄汁，經過至少6年漫長的酒化時間，直到長出一層黃色厚厚的霉網，填飽了整個大木桶之後才可以裝瓶。

照理來說，經過這麼長時間與空氣的接觸，一般酒早已成了醋！然而當地用這種方式釀的酒卻變成了十分難得的乾白酒。擁有金黃的色澤，帶了特別的核桃或香料味，含在口裡回味無窮，是藏酒的精典，最長可以保存一世紀以上！

其酒瓶略呈方型，稱為Clavelin，只有65毫升的容量，是當地最出名的特產。

↑侏羅地區源自古代的傳統酒慶時將「Biou」送進教堂的景觀。

精純甜酒 乾麥穗酒vin de paille

Savagnin、poulsard或chardonnay這3種釀酒葡萄，也是釀造當地出名的乾麥穗酒vin de paille最主要的葡萄。他們把這些葡萄收成之後，舖在在通風，乾燥室的乾麥穗上至少兩個月以上，這些逐漸乾化的葡萄，把糖份慢慢集中，最後才將僅剩的汁擠出來釀酒，這種濃縮了葡萄菁華所釀造出來的甜酒，口味不僅十分精純，而且可以保存50年以上！

經濟文化要城Arbois 9月遊行慶典

侏羅人保留了山地人的淳樸，個性豪邁，卻十分傳統和保守。在巴斯特的出生地，也是經濟文化要城Arbois，每年9月舉辦的Le biou遊行慶典活動，是從17世紀保存至今。用當年收成的葡萄，結出一個巨型葡萄，稱為「Le biou碧優」，村民合力抬著走進Saint Just教堂裡，懸掛在教堂內拱頂中，1至3星期後才分出來釀酒。

這是世界上唯一仍然尊照聖經時期，Canaan地區葡萄農習俗遺傳下來的慶典，是當地人保守與傳統的最佳證明。出好酒的地方自然也會重視美食。當地也出好乳酪，如Beaufort這種雅緻的高山乳酪在當地的葡萄酒兩相襯托下，是難得的佳餚！

La Provence

普羅旺斯 | 知名旅遊勝地

↑ 藏在地中海特色彎曲小海灣後面的葡萄園。

普羅旺斯給人的感覺是最知道享受生活藝術的地區。當地的旅遊業盛行，夏日尤甚。

這裡也是葡萄酒的盛產地，卻鮮為人知。

歷史背景

早在紀元5世紀以前，菲尼基人就已經把種植葡萄的技術帶到了馬賽，而建立了第一個普羅旺斯葡萄園區。

羅馬人統治了高盧人之後，才發展出葡萄酒文化。可惜有段時期，卻被完全放棄，而失去其重要性，否則當地的葡萄酒文明歷史是法國最古老的，且曾頗佔舉足輕重的地位。

1.酒莊全貌。
2.鳥瞰酒莊。
3.普羅旺斯葡萄園土壤 (由Bandol酒區 Le Galantin酒莊提供)

地形：

山區：到處可以看到一叢叢的矮灌木林和橄欖樹林。

海岸線：充滿了石灰山岩的矮丘陵群，以及具地中海特色彎彎曲曲的小海灣。

在這些各類的矮灌木林與山丘之間，偶爾會出現一小片，一小片的葡萄園。這些葡萄園可以說是人類智慧的果實。

→ 普羅旺斯Bandol標籤

氣候

本區氣候現象十分多元化，經常受地中海型颶風影響，夏天炎熱，冬天卻偶爾有嚴寒，氣候並非十分穩定，因此某些地方或受到高山的掩護，或因山谷氣候較穩定，或因海灣地勢的隱蔽而產生一些重要的葡萄酒產地；由於氣候現象的不同而產生了不同品質的葡萄酒。

釀酒葡萄

大約有十來種。該區相當重要的Palette產區，就使用17世紀十分出名的le tokay葡萄種。

2大葡萄酒產區

蔚藍海岸Côte-de-provence產區

蔚藍海岸線上從尼斯到馬賽之間出名的葡萄園區，如Bandol、Palette、Cassis和Bellet等產地，在蔚藍海岸濃濃的陽光下誕生的葡萄園，有其特殊的價值，好似畫家在名畫上添加的妙筆，讓作品更上了一層意境。金黃的陽光，藍色的海天，還要加上綠意紫白的葡萄園才能讓構圖更完美！

Bandol

地形以中高的山丘一直延伸到海岸邊，充滿了層層次次階梯型態的小平台，其中還有一片片的小圍牆相隔，這是羅馬人時代圍建出來的特殊梯型種地，在這一塊塊的石灰岩上，要長出一般農作物十分不容易，卻是Mourvèdre葡萄最喜歡的園地。

當地同時生產紅、粉紅、白酒，卻以紅酒出名，而且十分適合存放，帶了Mourvèdre葡萄本身特殊的煙草味，是法國葡萄酒中別具風味的好酒之一。加上當地梯型葡萄園延續到蔚藍色的海岸風景，造成了當地的旅遊名氣。

Palette

處在艾斯普羅旺斯附近的山丘部分，生產紅、粉紅以及白三類品質相當的葡萄酒。

Bellet：靠尼斯附近的山城，受阿爾卑斯山線保護，擁有海風拂面的特殊條件，卻沒有風害下的葡萄園，孕育出來的紅、粉紅、白酒，是當地不可忽視的好酒。

Cassis

小漁港，屬地中海特殊小海灣，躲在一片隱蔽的山岩中，後山丘小小葡萄園區的葡萄釀造出來的紅、白與粉紅酒的品質，讓每年在當地成群結隊的觀光客有種驚艷的效果。

普羅旺斯山城產區

包括Coteaux-d'Aix-en-Provence和Les Baux產區，以及Coteaux-Varois和Pierrevert產區。

從Durance河谷山丘到Manosque之間的山城

歷史：艾斯普羅旺斯東部，是典型普羅旺斯山城風光。艾斯普羅旺斯本身的文化歷史相當重要，是早期普羅旺斯公國的領土地，由

↑ 賣酒屋的櫥窗欣賞。
➡ 法國賣酒店內部。

於當初的富饒，以及領主René國王的開明政策，對普羅旺斯的影響極大。

南部重要文藝重心：當地一直是法國南部最重要的文藝中心，城內壯觀的教堂、羊腸小徑、豪華的建築、文藝的氣習，可以表現出它的不凡！

自然風光：其附近山城明亮的風景，顏色的多變，造成了19世紀畫家塞尚的成就，這些都是鮮為人知的白酒和粉紅酒的產區。

美食與美酒：當地美食不用多加讚嘆，早已家喻戶曉。他們對傳統的熱愛，才能保存今天的名氣。當地生產一種十分特別的甜酒，雖然沒有正式登記在法國酒類裡，可是卻是一代代的普羅旺斯人在聖誕大餐時，佐配傳統13道普羅旺斯點心喝的甜酒，稱為「le vin cuit燒葡萄酒」。傳統作法是將葡萄汁，用柴火慢煮13、14個鐘頭，濃縮到剩60%，冷卻放到木桶或鋼桶裡發酵2～3個月，再裝瓶。

Le Languedoc et le Roussillon
蘭格多克和魯西榮 | 名產 le vin doux naturel [VDN] 天然甜酒

從普羅旺斯往西，靠地中海另一邊的海岸線，以及其內陸地區也是法國葡萄酒十分重要的產區。這部分由於與西班牙比鄰，習慣與特性都與意大利比鄰的普羅旺斯相異。

兩大地區自然條件

內陸地區：

典型的峽谷斷層山坡地，Aude、Hérault以及Gard 3條不同河流穿插在峽谷之間。這些懸崖峭壁都是由於比里牛斯山與中央山群的火山岩沖積或擠壓而成的天然景觀。如此背景造成當地土質的多元化，以石灰石為主，混了不同類型的紅黏土或沙土。

海岸地區：

分佈了不少典型的地中海型小海灣。當地的地中海氣候十分適合種植葡萄；冬天溫和，秋天的陽光，春天潮濕，夏天海風的保護等等條件都是當地葡萄生長的要素。

↑法國一般桌上酒標籤

歷史發展

在羅馬人統治高盧人時代，當地的農業就以供應地方大眾化飲用酒的葡萄農業為主。

直到17世紀，南部運河開通之後，才開始名聲遠播。由於當地的民情，平等的意識十分強烈，農民中葡萄農又佔相當大的比例，早在1907年為了葡萄農的地位及福利，領頭示威抗議，而抬高了法國一般葡萄農的地位。

因此當地葡萄農的發展，一直偏向較平價葡萄酒的路線，近幾年品質已經漸趨佳境，標籤和行銷政策都相當現代化，慢慢的已經走進了高級酒的境界。

葡萄酒地位重要

今天該地已成了法國西南邊，除了波爾多以外最重要的葡萄酒農業區。每年在當地首府Montpellier蒙坡里耶省舉辦的國際葡萄酒展，已經得到了世界的肯定。

雖然如此，他們還是十分注視地方性的傳統風味；法國葡萄酒農會也將特別具地方性風味的平價酒，列入所謂「Vins de pays地方特產酒」的特殊管理法，這類的酒在當地仍舊佔了很重要的地位。

← 從剩下的兩個原塔可以看出在歷史上十字軍征服的痕跡。

↓ 蘭格多克地區地方酒特性Vin de pays 標籤。

釀酒葡萄

使用的釀酒葡萄種類繁多，不只擁有地方色彩的葡萄種，也從別地引進其他種類的葡萄。

名產：le vin doux naturel [VDN] 天然甜酒

發明年代

蘭格多克和魯西榮區有一種十分特別的甜酒，稱「le vin doux naturel天然甜酒」，簡稱VDN，也是當地AOC名產酒之一，是在13世紀時代發明的釀酒法。

釀造方式

原料：VDN多半使用粒小而早熟的muscat葡萄，或各種類的grenache葡萄，以及macabeu這

↑ 蘭格多克地方特色酒標籤

類糖份較高的葡萄種。

酒化：發酵途中，另外添加了葡萄酒精，協助酵母發酵的工作，讓酒化的過程中能節省葡萄本身大量的糖份，而能保存天然的果實甜味，釀成的天然甜酒。

知名產地

Muscat de Lunel，Muscat de Mireval，Muscat de Frontignan，Muscat de Saint-Jean-de-Minervois，都是屬於AOC重要的產地。

蘭格多克較出名葡萄園區

蘭格多克沿海地區

從Arles阿爾城到Saint-Chinian之間。

Les costières de Nîmes產區

為廣大的平原區，山丘上有不少階梯層的葡萄產地。

↑ 傳統中古城堡難得一見的雙城池堡，卡爾卡松重重圍牆仍保不住堡主和堡內的居民。

Les coteaux du Languedoc產區

分佈在三河（le Gard、l'Hérault、l'Aude）河谷中，最大、也是重要的產區。

該地中高乾燥光禿的紅土丘陵群中，突出來的斷崖附近，到處佈滿了地中海的小灌木林和橄欖樹，其間還點綴出一些葡萄園，眞是田園風光十足！

Faugères、Saint-Chinian產區

後者曾以野豬和野狼出名，早期由於宗教拓荒者的開墾，而打開了農業序幕，這裡長青的山谷風光，混著金黃瓦礫的農舍，農民種植的葡萄園以及其他的果樹、花草，構成了一幅綠油油兼色彩的集錦，是當地的名勝之一。這些都是紅、白、粉紅酒的著名產區。

景觀特點

多處羅馬時代留下來的廢墟，如尼姆城內的鬥獸競技場和萬神廟都是當時重要的遺跡。另外還有擁有最長的海灘的Sète城，以及宗教聖區abbaye de Valmagne。

蘭格多克內陸部分

從Saint-Jean-de-Minervois到Carcassonne之間

Minervois葡萄酒產區

不僅是史前人類的發源地，早在希臘、羅馬人時代葡萄就已經是當地重要的農產了。當地生產白、紅、粉紅酒。

Limoux葡萄園產區

最出名的，法國最早在1531年就已經發現了發酵後產生氣泡原理的地區，最後卻被香檳區學去，迎頭趕上而聞名全世界！

現在當地的氣泡酒，仍舊延續著古法釀造的方式，產生了如Blanquette de Limoux，或Crémant de Limoux等氣泡葡萄酒，都是不可忽視的好酒。

高山深谷區

Corbières產地

是屬於蘭格多克區地型較多元化的地區。介於中央山群與比里牛斯山之間，起起伏伏的山脈延伸至海岸邊。其間擁有十一種不同類型的地質，各個地質皆生產不同特色的

紅、粉紅以及白酒。這些葡萄園是當地十分重要，也是相當出名的產區。

以天然甜酒為主的魯西榮區

除了一般傳統的葡萄酒以外，多以天然甜酒VDN為主，主要的AOC產地有，Banyuls、Banyuls Grand-Cru、Maury、Riversaltes、Muscat de Rivesaltes等等。

民情風俗與卡達異教派

蘭格多克和魯西榮地區的民情較平實，好客，善惡分明，這與他們的歷史背景有關。當地是著名卡達異教派的歷史區。

↑波爾多大酒廠現代化的不鏽鋼酒桶。

卡達異教派歷史

卡達（Cathare）源自中古時期前。為當時天主教派系之一。 採聖約翰詮釋的聖經為主。 追尋如同太陽光明面的善，記恨物質帶來黑暗面的惡， 因此他們的教堂都面朝太陽升起方向。 信徒自稱為「完美者parfait ou parfaite」，不論獻身宗教者或信徒都須拋開物質念，培養宗教淨身的精神領域。因此嚴禁殺生，多為素食者。

他們不怕死亡境界，對他們而言，死亡之地是純淨的地域。對傳統天主教規階級並不尊重，只注重自己教派的傳教士，以及本身的善惡修行。 這是在當初已經擁有許多物質與實權的天主教首領所不能容忍的。 雖然教廷曾嘗試著用有力的傳教士來開導他們，卻被卡達宗教人士回絕了。震怒的教宗就將此派歸入了異教派，下了十字軍的征討令。最後的卡達教徒200多人， 被釘在200多個十字架上用火燒身， 這些信徒高聲合唱著他們的聖歌而終。

↑ 經過了卡達文化洗禮後的阿爾比城現貌。

歷史的影響

　　雖然卡達異教歷史與當地的葡萄酒文化無大關連，但是這段歷史卻深深影響了蘭格多克和魯西榮地區的民情，也間接的影響了當地葡萄農的觀念與思想，這塊歷史上曾經有人如此劇烈的爲了信仰而犧牲的土地上，長出來的葡萄，釀出來的酒，喝起來的有種特殊的情感。

美酒與美食

靠海岸線：皆以海鮮類出名，其冰鎮過的粉紅葡萄酒，正適合陪伴這種地中海濃郁的時鮮味。

內陸：以燉燒爲主，正適合當地的紅酒。來到當地的法國旅遊者，多半是熱愛大自然的綠色健行家。當地的綠野地相當原始空曠，不像地中海的另一邊已經處處充滿建築了，對於喜歡原始自然的旅遊者是難得的聖地。

↑ 艱險要地，連貫的山岩成了卡達建築天然的防禦力量。

Sud-Ouest

西南部 ｜ 多元的風俗民情與景觀

↑法國西南多東河岸壯觀風景

西南部只是在法國農業規劃的地理名詞而已。其分佈之廣，在涵蓋範圍裡，各地文化及景色各有千秋，不可混為一談。

由於法國各主要的葡萄產區的發展都有它一定的模式；或以地型見分；或以氣候分類；這些一塊塊不同區域的葡萄園，是因為地理帶接近而被歸為一類。

地理位置與自然景觀

這一大片葡萄園區，介於比里牛斯山和中央山脈群之間，多高山溝平原，或河谷區坡地，中間還貫穿了許多加隆Garonne河的支幹以及其他的河川，成了特殊的河谷、盆地、斷崖和彎曲峽谷的自然景觀。

葡萄園分佈

分散在阿基騰大盆地，比里牛斯高山河谷，以及貫穿中央山脈群的阿維宏Aveyron峽谷區等地。其間各葡萄酒產區所處的地理位置，陽光氣候的條件，選用的葡萄種類的不同，以及地質特色的相異，就誕生了當地千變萬化，各種質感的葡萄酒！

↑彎彎曲曲的河道形成西南地區特殊景觀。（彥玉提供）
➡西南多東河岸風光（彥玉提供）

氣候與工質

溫和、降雨量固定、秋天陽光相當穩定，是葡萄最喜歡的環境。當地土質混了石灰質、沙質和黏土質都是葡萄種易適應土質，這些先天條件造成了葡萄酒產區的要素。

主要釀酒葡萄種

Abouriou、Cot（在Cahors地區稱Auxerrois，是在當地發源的，他們的特產紅酒顏色極深黑，含大量的丹寧，就歸功於這種釀酒葡萄）Gamay、Syrah等。

特色產區

較重要AOC產區

Cahors

名紅酒產區，位於le Lot簍河的河灣谷中。

Coteaux-du-Quercy

出產紅酒。略往西邊，介於三川（Garonne、Lot、Tarn）間的峽谷坡地。因土質與前者截然不同，雖然也採用與Cahors類似的釀酒葡萄，色澤卻不如前者深黑。

Gaillac

白酒早在歷史上佔了相當重要的地位，而當今也生產不錯的紅酒。種植在Tarn塔河左岸層次的葡萄園中。

波爾多近鄰產區

由於與波爾多氣候類似，加上Dordogne多冬河穿越其間，形成大小不一的河谷沙質坡地，而產生許多品質十分優良的葡萄酒區。

Bergerac附近

有Monbazillac、Saussignac、Rosette、Montravel、Pécharmant等重要產地。

Duras, Marmandais

靠Garonne加隆河附近。

Buzet, Côtes-du-Brulhois

是阿基騰盆地最出名的產區。

圖魯士城附近

Fronton、Lavilledieu、St-Saudos區

較出名的產區。

Madiran區

用含有大量單寧的Tannat這種古老的釀酒葡萄，釀造出單寧味十分濃厚的紅酒產區。

Pacherenc-du-Vic-Bilh區

使用Tannat葡萄，加上Mansengs和Corbu兩種葡萄，產生味道十分特別的白酒產區。

Béarn貝昂市

靠近比里牛斯山脈。法國十六世紀著名的亨利四世國王誕生地，也是西南部地區出名的葡萄酒產區。

Jurançon

最出名的甜葡萄酒產區，在亨利四世出生時，這裡的酒被選為受洗歡宴用酒。當地的乾白酒現在也與甜酒齊名，是法國非常重要的白酒產地。

Irouléguy

屬比里牛斯山脈群中的巴斯克葡萄園區，

最早是由當地的修道院拓殖出來，一直發展到現在，與當地的農產品高山乳酪齊名，成了當地最重要的農業中心。

阿維宏Aveyron附近葡萄園區

穿插在高高底底的河谷峭壁之間，一塊塊拼圖版似的葡萄園坡地，景觀十分奇特。較出名的有Entraygues-et-du-Fel，Estaing，Marcillac，Côtes-de-Millau等產地。

風俗民情多元 景觀多變

西南區的民情相當多元性，各地的歷史發展也不盡類似。從西南往東南所經過的景觀也各有所長。

Rodez羅德滋

在阿維宏附近的風景多山城，森林，其首都Rodez羅德滋附近的葡萄園區，是屬於山谷平原景色。

Albi阿爾庇城

往西到了Albi阿爾庇城，是卡達異教歷史的發源地。

歷史背景

卡達異教思想就是此城南邊一個小鎮開始發展出來的；也是第一個被討伐的城市，因此卡達異教歷史也被稱為阿爾庇人的歷史。

宗教建築

被天主教廷征服後，征服者在這些地區注入許多重要的宗教建築。城裡大教堂十分壯觀，內堂壁畫表現出天堂與地獄境界，人物之精細，景像的真實感，令人嘆為觀止，建築則以紅磚為主，高28米的殿堂，為中古歌德藝術的輝煌歷史，留下了見證。過了阿爾庇就離開卡達歷史的影響了。

Cahors卡歐

往西行進了法國傳統的歷史區。Cahors卡歐，這個位於Lot簍河咽喉地帶的城市。

歷史淵流

該城從中古時代開始，就相當進步，不只戰略地位重要，經濟文化都有舉足輕重的影響。尤其當地是中古時期第一個歐洲銀行的所在地，因其經濟富饒的影響，移轉了意大利教皇的地位，而誕生了1316法國的天主教教宗約翰12世。

建築特色

當地傳統教堂及修道院之精美、豪華是其他城市望塵莫及。跨越簍河上，中古歌德式的Valentré橋就是當初繁榮與富饒的遺跡。

比里牛斯山地區

再往南就到比里牛斯山產地， Béarn貝昂與巴斯克地區。

Béarn貝昂

歷史

首都Pau波，是古代Navarre公國屬地，法國波龐王朝第一個國王亨利四世的出生地，在他還沒當上法國國王以前的領地。

民情

具有Gascogne 嘎斯弓的特性。三劍客故事的主角，那個年輕氣盛，愛打抱不平， 熱情豪放的達丹尼就來自當地。愛吃大蒜， 卻不解為什麼自己的"口氣"老是嚇跑了他心愛的情婦的亨利四世，那種惷惷，率直，鄉土氣的感覺也就是嘎斯弓人的個性。當地仍然保存農業的傳統，工業污染較少，清澈溪流貫穿而過，城鎮中噴泉處處，是熱愛綠野

← 經過了十字軍的征服，卡達教派主被毀城。從紅磚建造、壯觀的阿爾比聖西西人教堂，可以顯示當初教皇的力量。

環境的好地方，這樣的地方還穿插了一些葡萄園，葡萄酒名聲早在十七世紀就已經出口到英國和西班牙了。

Basque巴斯克

過了Pau波進了鮮為人知的巴斯克區。

語言　當地人說巴斯克語。

生活方式

生活十分保守，多高原山谷區葡萄園。巴斯克傳統一直都是大家族的群居生活，也以農業為主。

景觀

建築或農舍都顯得寬敞壯觀。地方色彩以紅色系為主，因此紅白交加，一落落的農舍藏在綠色的山谷中甚是好看。

文化

傳統文化十分富饒，戲劇、節慶活動十分重要，每個地區的慶典都是每個城鎮自己籌備的，由各村鎮輪流舉辦，因此村鎮之間的節慶風格各有千秋。

民情

巴斯克地帶的人由於重視傳統，熱愛生活，個性豪放，有高山人喜愛歌唱的習性，尤其是男女對唱，有時在咖啡廳裡竟然能合唱起來，真有古風氣息！

美食

在他們的生活哲學裡，吃也是生活享受的一環，因此對美食十分重視。當地出名的山珍海味都是法國美食精典之一。葡萄美酒加

當地的美食，以及他們的樂觀，讓當地出了相當多的高齡人瑞！

Bergerac和Agen兩地

也就是介於Dordogne多多和Garonne加隆兩大河之間的產區以及阿基騰盆地的葡萄園區。加隆河岸附近的城鎮，多半聚集在一邊靠山的河谷平原中。橘紅色的瓦屋構成的村鎮，被綠油油的葡萄園和果樹園所包圍著。

Buzet附近

一片片的向日葵園，穿插在整齊化一，中高坡度的葡萄園旁，黃黃綠綠的色澤，景觀十分突出；這裡出產了個性強烈的紅酒。

Marmande附近

較平坦、風光較不突出的葡萄園區，然而其白酒與紅酒卻都有相當的份量。

Dordogne多東河兩岸

風光是當地最具特色的。當地處處是中古時代為了防衛而建的特殊圍牆城鎮，和站在高處傲視山谷的古城堡廢墟，以及一片片白灰石土地的葡萄園和他們壯觀的酒堡。

紅酒

當地Pécharmant，Bergerac都出好的紅酒。

歷史

阿基騰的女主人嫁給了安祝公爵，最後一起繼承了英國王室之後，這片因兩大河之間的山谷天然戰略地帶，就成了英法之間爭執的戰場，而成了法國一個非常重要的歷史區。

特產

不僅名勝景觀處處可見，而且當地的農產品也相當豐盛，尤其飼養肥鴨肥鵝的農場比比皆是，是肥肝的名產地。

別忘了當地還有黑松露，這個被美食界比喻成黑鑽石的佳餚！可想而知當地是英國觀光客旅遊的最愛。當這些英國觀光客離開時，總會帶了點遺憾回去，畢竟這裡在英法百年戰爭以前，曾經是屬於他們的

雅馬邑Armagnac

也是屬於法國西南部產區之一，是最古老也最傳統的蒸餾酒。

雅馬邑酒製造方式

最大特色在葡萄酒煮沸產生出來的蒸氣，中途不間斷經不同溫度、大小不同的銅製圓桶，最後可收集約52%-72%成份的透明葡萄酒精。

然後將這些被收集出來，酒精程度太高的液體，裝進橡木桶裡，放到藏酒倉最高層的閣樓處，讓它們接受外面空氣慢慢老化。

至少放置兩年後，再將這些酒改裝進儲酒倉內的陳年老橡木桶裡，再繼續老化。

如此一層層的從閣樓到地面，從地面到地窖裡繼續老化，使葡萄酒因為吸取了不同年份的陳年橡木單寧和味道，顏色越來越深，而味道越來越精純。

一般的專家認為，至少須儲存25年以上才算成熟，直到第35年，才能將這些菁華裝瓶，保存最佳醇酒狀態。這是一般傳統法國人最愛的蒸餾葡萄酒之一。

Bordeau
波爾多 | 葡萄酒王國

↑ 波爾多酒村Saint-Emilion。

↑加隆河畔的波多爾市

波 爾多是公認的葡萄酒王國，它有今天
的地位並非僥倖。它的土地品質多元
化，氣候多類型，加上葡萄農累積歷代經
驗，研究出適合當地的釀酒葡萄，還要靠釀
酒師絞盡心血，讓釀酒葡萄汁成了香醇美
酒；在這些基礎下，波爾多酒農們小心維護
葡萄酒王國名氣。

葡萄酒王國

1. 全法國AOC葡萄園佔地最廣的產區，總
面積11萬7300公頃。

↑波爾多細沙海灘。

2. AOC命名產區
51個。

3. 酒堡8千多個。

3大自然要素

能生產出孕育
未來頂級葡萄酒
的釀酒葡萄，得
因於下列3大自然
環境的要素。

1.得天獨厚的土質：深土
層下為沙土、灰土或黏土，上層則
為硬圓、扁石或石灰石的多元化地質。

2.地理位置：分佈在出海口呈長半島狀的
Gironde吉隆河兩岸；廣大的原始針葉林
附近；以及兩大河流，Garonne加隆河與
Dordogne多多之間河谷地帶。

3.氣候條件：受海洋氣候潮濕的海風影響，
溫度穩定，溫和；原始針葉林天然的屏障，
不僅可避免風害，還可適度的享用陽光；介
於兩河谷之間溫度適中，陽光平穩。

歷史要件

上述自然條件加上歷史要件，才能讓波爾
多葡萄酒名聞天下。

12世紀：打入英國上流社會

從歷史來看，波爾多的幸運來自英國。12
世紀阿基騰女公爵嫁給當時的安祝公爵，也
就是未來的英國國王亨利二世，將葡萄酒帶
進英國上流社會，改變了英國貴族傳統喝啤
酒的習慣，波爾多葡萄酒因而成了英國貴族
社會的代表。

15世紀：英國人著迷葡萄酒

英法百年戰爭中，阿基騰變成了英國領

，波爾多飼成了英國葡萄酒，15世紀百年戰爭結束，波爾多葡萄酒雖然重新歸入法國，但英國人已被波爾多葡萄酒迷惑，再也無法忘懷！此後，由於英國對世界的影響，間接造就波爾多葡萄酒的地位。

18世紀：遠傳美洲 及 法國殖民地

波爾多真正聞名世界卻是從18世紀才開始。

當初法國海外殖民地的拓展，使當地的葡萄酒遠傳到美洲大陸，以及其他太平洋與大西洋上法國殖民地，18世紀末，雖然世界版圖重新洗盤過，波爾多葡萄酒卻仍繼續展現魅力。這時輪到了荷蘭，和其他北歐重要的航海國，以及崇尚法國文化的俄羅斯等地，於是波爾多葡萄酒王國的封號就穩定了。直到今天，任何人談起法國葡萄酒時，第一個想到的地方就是波爾多！

↑波爾多sauterne酒　↑波爾多Grave酒

↓波多爾附近葡萄園分布圖

主要產區

Médoc

位於Gironde吉隆河左岸，從吉隆河的出海口往下為Saint-Estèphe、Pauillac、Saint-Julien、Moulis-Médoc、Listrac-Médoc、Margaux等名產區。

其中最頂級的葡萄園都位在含有大量圓扁石頭和小圓石頭，這種特殊土質的微突山丘處。例如Château Lafitte-Rothschild、Château Latour、Château Margaux、Château Mouton-Rothschild等最頂級酒堡。他們所使用的黑釀酒葡萄種多半以葡萄王le cabernet sauvignon為主，le merlot為輔。

Grave

Médoc產區往下是另一個出名產區Grave（法文意思是硬扁石頭或石頭之意），這是所有法國AOC葡萄酒產區裡，唯一使用地質特色命名的。

該產區Pessac-Léognan以頂級的紅酒與乾白酒而出名。

其中Sauternes和Barsac產地為世界上最有

名特種白甜酒的產地。

釀酒方式：這類的甜白酒使用了十分特殊的釀酒方式。當地的葡萄農讓過份成熟的葡萄，繼續留在葡萄藤上，直到一粒粒果實上都長滿了特殊的霉菌Botrytis Cinerea，經它腐化之後，濃縮了葡萄糖份的精華（通常都被濃縮了將近50%的葡萄汁，因此數量十分有限），最後再一粒粒小心翼翼的採集下來，作酒化的工作。其工夫之精細複雜，令人嘆為觀止！

葡萄種：以sémillon為主，sauvignon和muscadelle為輔。

最出名酒堡：Château d'Yquem有個十分特殊的原則，當年的氣候條件如果不允許腐菌完整的腐蝕葡萄的話，該年份所生產的釀酒葡萄就必須全部放棄！由於產量之少，其價格也是世界出名的貴。

Libourne

位於多東河右岸靠近Libourne利奔城附近一些名產區裡，以Saint-Emilion丘陵葡萄園為聞名世界的重量級產區。

以及較多黏土質，十分適合Merlot釀酒葡萄生存的Pomerol產區。

波爾多上等
St Emilion 酒標

波爾多特等酒

酒莊名

產地

產地酒農自裝瓶

有人說Pomerol是波爾多酒中的勃艮地酒，可以想像該地紅酒的品質比較接近勃艮地的圓厚沉，不似波爾多特有的濃郁突出的風味。

景觀特色

大海港城：大海港城地位十分重要。市中心靠近海港附近處處是葡萄酒儲倉。建築都是大白石豪華外觀的高樓。

名店：最有名的聖米謝爾廣場上名店櫥窗，精品處處，高級餐廳比比皆是。

名產美食：當地的有錢人都是一流饕客，名產十分豐富。例如吉龍河出名的葡萄酒釀七鰓鰻、清炸幼鰻魚、吉龍河出海口特產水煮白沙蝦以及從多多河山城附近農場來的肥肝瓶，當地特有的萊姆酒焦糖糕等等，都是價格昂貴的高級食品。這些人間美味都是藏在，一叢叢直直橫橫的葡萄園內的酒堡主人的生活嗜好。

酒堡建築特色：依酒堡主人的富裕和品味而異，外觀混合了古典式、巴洛克式、中古式應有盡有相當豐富。驅車行駛於密密麻麻的葡萄園鄉間小路中，隨時會帶給觀光客愉快的驚訝！

自然風光：波爾多的風光從大西洋的高浪潮、金黃沙灘的海岸風光、吉龍河出海口的壯觀、兩河岸邊脆綠的葡萄園集錦、一望無際黑黑禿禿的原始針樹林奇景，加上橘瓦黃牆平房式的傳統屋，以及叢叢綠中突然冒出黑色尖頂教堂的趣味，處處都顯示出葡萄酒王國多元化的另一面。葡萄美酒的迷惑，水天一色的蕩然，人間難得的廚味，就造成了波爾多永不泯滅的魅力。

Cognac
干邑｜全法唯一蒸餾葡萄酒產區

過了波爾多再往北上，往盧瓦河葡萄酒區的路上，會經過法國另一個重要的蒸餾葡萄酒產區，干邑Cognac。

全法唯一蒸餾葡萄酒產區

干邑是所有法國葡萄酒產區裡，唯一以蒸餾葡萄酒而聞名全世界。當地所產的蒸餾酒94%出口到全世界，剩下的才在法國消費掉。干邑酒能擁有今天的地位，完全歸功於酒農的智慧，才能釀造出如此細緻純郁的蒸餾酒。另外歷史上卻要靠荷蘭航海業者的牽引才能流傳千里。

自然條件

在吉龍河右岸、大西洋海岸邊小島,以及海岸內陸Charente夏榮省附近:大大小小的平原和略突的丘陵部分的葡萄園,所生產的葡萄酒,既酸酒味又淡,沒有太大的價值。可是當地的葡萄農早已創造了當地特有的蒸餾方式,將這些沒有特色的葡萄酒變成了世界頂級的l'eau de vie!

兩次蒸餾

當地的蒸餾方式是採用兩階段式蒸餾法。

第一次的蒸餾,從煮沸的葡萄酒中只能收集23~32%的葡萄酒精。

第二次再將這些被提煉出來,比較濃稠的葡萄酒精,混入葡萄酒中再煮沸一次,這次就可以收集大約70%左右最精純的葡萄酒精。這時才可以放入老橡木桶裡慢慢老化。

混合產生不同口感

干邑能產生不同口感的酒,最大的特色在於各酒農在釀酒時,混合了不同年代或不同葡萄蒸餾酒的技巧,還有在橡木桶裡老化過程的祕訣,是其他蒸餾酒產地無法達到的:這些都是歷代酒農技巧的累積,也是干邑酒出名的要素。

他們使用至少10年以上的老蒸餾酒來混

製,卻通常要等上40年之後才可以知道結果!可見干邑酒遠傳的名聲不是偶然的。

17世紀起聲名遠傳

17世紀時,因為荷蘭航海業的開拓,造成了喜愛夏榮地區葡萄酒的荷蘭人,將干邑酒帶到了北歐和世界其他各大洲,因此而奠定了干邑酒世界地位的基礎!

首都Angoulême 酒農富裕

干邑首都Angoulême地方十分富有,當地大型的酒堡,有時也需要向當地的小酒農購買他們自己蒸餾的酒,因此地方的小葡萄酒農十分重要,也比較富裕。當地佔地不大的鄉野中,時時可以看到一些小型的酒堡聳立在葡萄園內。城裡最大的聖彼得教堂富麗堂皇的外觀,可以表現出干邑地區的財富!

Vallée de la Loire

羅亞河谷 | 法國第3大產區產區

↑羅亞河千變萬化的景光。

羅亞河全長1000多公里，中間穿越了法國13個大小省份，想見其間經過了多少不同的地質和氣候形態，種植了多少種不同類型的釀酒葡萄，因此產生了許多不同特色的葡萄酒產區。

法國第3大葡萄酒產區

整個羅亞河域葡萄園的種地十分廣汎，總共有73個不同的AOC產地。是繼波爾多、蘭格多克-魯西榮之後，全法國的第三大葡萄酒產區。

歷史背景

羅亞河畔是法國文化發展的重要據點。由於羅亞河穿越法國中部地區，河域兩岸地區中古時代：當地公國與法國間的爭執地。附

禦性的地方城堡散佈河畔附近。

文藝復興時代：各國王室競相表現文藝的氣質，以此法國王室和貴族就把當初舊城堡改成豪華且深具文藝特色的的城堡，而誕生了文藝氣息濃郁的羅亞河文化。其中安祝Anjou公國也曾經受英皇的統治過，所以羅亞河的葡萄酒自早就是法國或英國王室的御用酒，而聲名遠播。

釀酒演變

5世紀：最早開始在羅亞河谷附近種植葡萄園的功臣還是當地重要的修道院；他們在紀元五世紀時，就在宗教屬地附近種了這些作為彌撒酒用途的葡萄園。漸漸由於法國王室貴族的需要才發展出當地各類不同特色的葡萄酒。

文藝復興時期：羅亞河谷的葡萄酒還是宮廷詩人靈感的泉源，貴族飲食文化競相比較的準則。後來卻因其他歷史因素而失去了它的影響力。

當代：今天羅亞河谷葡萄酒雖然沒有像那些以出口為主的葡萄酒產區的聲譽，但在法國人本身的市場卻佔了相當重要的地位，因為傳統的法國人還是深愛著，這個代表他們歷史文化地區的葡萄酒。

5大產區

該地的產區因為十分分散，從羅亞河上游到出海口大約分成以下5大產區，其中以3、4、5三者為羅亞河最出名的葡萄酒產區。

1. 南部Auvergne歐維尼地區
2. 中部羅亞河中段部分
3. Tour圖爾城附近

4. Anjou-Saumur安祝-索蜜兩城之間
5. Nantes-Vendée南特-旺代附近等

南部Auvergne歐維尼地區

土質：法國最大的火山群區，土質以火山岩和花崗岩為主，另外也混了一些石灰黏土。

釀酒葡萄：gamay 與 pinot noir

產地

Saint-Pourçain：以紅酒出名

Côte-Auvergne附近的葡萄園，視火山岩影響的多寡，生產略帶薰味的紅或粉紅酒。

Côte-Roannaise則由大小不同的河川劃分出幾個帶果莓味香的紅或粉紅酒的不同山谷、平原產地。

Côtes-du-Forez靠近當地的首都Clermont-ferrand可雷蒙費宏附近，在海拔400到600米左右的高地上，多種植在比較特殊的花崗岩地上，以及受到大陸型氣候的影響，產生了當地單寧味十足，可以久存，風味十分特殊的紅酒。

羅亞河谷中段部分

有些十分出名而且很重要的AOC產區，如Sancerre，Pouilly，Quincy，Reuilly，Menetou-Salon等地。Sancerre是該區最出名

羅亞河酒標
— 產地
— 酒莊
— 品牌

➡ 羅亞河城堡(彥玉提供)。

的白酒產區。在海拔250到400米高度的高山坡上的葡萄園內。

Tour圖爾城附近

是相當重要的羅亞河谷葡萄酒產區，較出名的產地為：

Touraine

有3條羅亞支流和許多其他小溪流從中穿過，葡萄園分佈在如樹根延伸出來的河岸之間，其中半高山腰上，特殊白粉土質（是當地特有的建材稱為Tuffeau）的石壁中，處處可見各式樣頗具特色的洞穴屋，或洞穴酒窖，這裡是法國洞穴居最大的集散地。

因為在14、15世紀左右，該地是英、法以及地方公國之間的糾紛地，王室和當地的領主，到處蓋城堡和挖洞穴為了掩護之用，沒想到後人卻把這些洞穴改造成居家，而成了當地的特色。

Chinon

這個老城市，歷史價值十分重要，法國古代著名文豪Rabelais的出生地，他在葡萄園裡的童年回憶，以及地方葡萄酒對他文學創作的影響，造就了當地的葡萄酒文化。

Bourgueil和Saint-Nicolas de Bourgueil

離圖爾城西邊五十公里處的，多半種植在當地階梯型層次不一的山坡地上。

Vouvray和Montlouis兩地

並不生產紅酒，是當地最重要也是最有名的白酒產區。葡萄園分佈在羅亞河靠支流Cher處的兩岸邊上。

⬇ 羅亞河畔處處可見的城堡(彥玉提供)。

↑羅亞河香波城堡(彥玉提供)。

以白粉土為主，也混了沙黏土質，因此能同時生產紅與白兩種不同品質的葡萄酒，其中最有名的是法國人最常喝，最普遍的Saumur-Champigny紅酒。

Anjou-Saumur安祝-索蜜兩城之間

Anjou 地區

地理位置

本區葡萄酒由於佔的地理位置較優良，是羅亞河谷區較佳的產區。

氣候

正處避風處，卻能享受海洋氣候的好處，以及地方性溫和穩定的陽光。

地質

集中了巴黎盆地的石灰-黏土質、北部山脈群的硬石質，以及安祝地區的特殊白粉土質3種不同類型的土質的優點，而能產生了各種不同個性的紅、粉紅以及白酒。

釀酒葡萄

由於不少地方性氣候形態的影響，當地29個不同AOC產地所採用的釀酒葡萄都各有千秋。紅或粉紅酒最主要的葡萄種le cabernet franc，還有專門釀造粉紅酒的grolleau葡萄，以及釀白酒的葡萄種chenin blanc。

Saumur地區

地理位置介於安祝和圖爾之間，土質雖然

Nantes-Vendée南特與旺代附近

Muscadet乾白酒主產地：本處葡萄酒產區，是法國人配生蠔最出名的飲品Muscadet乾白酒的主產地。

氣候：當地緊靠大西洋，直接受到海洋氣候的影響，雖然如此，葡萄園部分地區卻有些特殊的氣候帶。

土質：分酸岩石（頁片岩和小石頭）和沙灰土質兩種不同特性的土質。

AOC產地：因自然條件產生幾個不同特色的AOC產地，Muscadet乾白酒產區使用了melon de Bourgogne釀酒葡萄（當地則稱為Muscadet）。

Gros-Plant乾白酒產區則使用了folle blanche釀酒葡萄（地方名稱為Gros-Plant）。

Coteaux-d'Ancenis與前兩者不同，使用gamay葡萄來生產紅酒，而白酒屬於甜白酒類，使用了pinot gris（或稱malvoisie）釀酒葡萄。

↑南特近附傳統法國鄉下小鎮，突出的教堂尖頂，中層挑高三層樓建築，十足法國味。

特殊釀酒方式：

在Muscadet白酒標籤上時常會看到註明了「sur lie」，是代表其特殊的釀酒方式。

當地傳統在製造白酒時，葡萄汁與皮梗被分開後，少了一道過濾手續，就直接放入發酵桶裡發酵，因此混濁的葡萄汁裡還保存酵母的新鮮度，漸漸在發酵桶中沉澱而生了一層薄薄的渣，因此白酒就在這層渣上緩緩發酵，1年後才可以裝瓶。

這種「sur lie」的發酵方式，讓當地的白酒產生較衝，較具活力的口感，因此很能化解生蠔滑滑膩膩的感覺，是當地法國人星期天早晨市集結束後，與朋友聚在酒店裡，一邊享受新鮮生蠔的最佳良伴。

文化風情

此區的歷史文化、美食、風景樣樣別具特色。文藝復興時期當地受到了王室的青睞，產生了120個大大小小獨特的城堡風光。

當初王室嬪妃之間爭風吃醋的宮廷野史，繼續被傳誦著，直到今天仍是觀光客的夢幻之地。

不列坦尼首都南特，更因為當初風雅的女領主安娜的影響，而造成了永不泯滅的文藝氣質。當地的生活藝術與品味是傳統的，是精緻的，就如同他們的藝術與美食，自然的與葡萄酒結合，而產生了法國其他任何地方都無法找到的葡萄酒文化！這也是法國傳統社會喜好羅亞河谷葡萄酒的原因了。

全篇結語

　　總體性而言，法國各區都產葡萄酒，只是口味的不同而已。現代的法國葡萄農已經了解到，為了維護地方葡萄酒的品質，名聲與價格，秉持了寧缺勿濫的心態。

　　於是有些地區生產好品質的酒農們寧可聯合起來一起出錢，付賠償費給生產品質惡劣的酒農，讓他們放棄這個職業，避免他們把當地的葡萄酒名聲拖垮。因此，在法國有很多地方雖然都種植葡萄，有的是為了生產葡萄汁，有的卻是什麼功能都沒有，只是等著農人決定種植另一種農作物以後，被拔除的命運！

普羅旺斯葡萄園土壤。（由Bandol酒區 Le Galantin酒莊提供）

PART 3
葡萄酒傳人
六代酒農家族

離Montpellier城25公里左右，遺失在一片深淺不一的綠野中，突出來的小山丘上，一個只有兩百多人的小鎮Tressan。 從鎮上往下遙望，一片片整齊劃一的園地，一排排葡萄藤間隔在一段段綠草地的窄道中

曾有長工6人 採收季如過節

「從六代以前我們家就是葡萄酒農了。我是目前這片葡萄園的主人，妳看到前面從Hérault河畔一直到山丘腳下那一片地，都是我家的。在山腳前的那片葡萄園，在我祖父時代曾擁有過6個長工，也就是說我們家同時還養了6戶人家。

葡萄成熟時，葡萄園裡更是充滿了採葡萄的臨時工，這是我最難忘的童年時光。當初附近的葡萄園主一到採葡萄時節，天天都要準備最好的餐食，讓這些從各地來打工的學生或業餘工人享

酒莊名稱：Clos de Basceilhac

主人姓名：江米歇爾Jean-Michel

地點：蒙波里耶西邊25公里附近的郊區，離著名的地中海岸具有義大利海港味的瑟特Sète城不遠。酒莊擁有17世紀的老酒窖，酒窖牆壁全使用馬賽克拼化磁砌出來，是當地的古蹟。

嘗酒的感覺：紅酒帶了濃厚的蜜棗味，口感相當長久，曾榮獲全國農產品協會銀牌獎。白酒比較乾，果味十分厚重。粉紅酒比一般紅粉紅酒細緻許多。

↑ 酒莊主人江米歇爾酒窖嘗酒。

▲ 酒莊十六世紀的嘗酒窖

用。為了表示他們的好客與熱誠，整個鎮上好像過節似的好不熱鬧哦！現在這些工作只剩我一個人，和倉庫裡那些機械車全包了，採葡萄工作也被那架巨大的採葡萄機械車取代了。」

「採葡萄餐也只剩三文治了！哈哈哈！」旁邊的鄰居，當地的房屋仲介商，也是在當地長大的江米歇爾老朋友飛利浦，在旁邊插了嘴。

老婆笑稱 心裡只有葡萄園

「我告訴妳！江米歇爾的心裡其實只有那些葡萄園而已。他每天都掛念著，比我這個老婆還重要！我雖然沒有上班，帶孩子是我

最大的樂趣。不過江米歇爾在園裡忙碌時，我也必須管酒窖的事，來我們這裡買酒的過客，一旦進來了就成了我們的朋友，因為江米歇爾是那麼的愛說話 。」他的妻子可齡接著回答。

「不是我愛說話！是對葡萄酒的執著啦！所以我和那些人一聊就是半天，我們一面嘗酒，一面聊酒是多麼有意思的事！」

「是啊！然後什麼正經事都忘了！白天照顧葡萄園，下午和客人聊天，你的生活很愜意，我卻忙死了！開玩笑的啦！其實我十分了解他的心情，他從小就完全沉浸在這樣的環境下了，加上現代社會的緊張和競爭，除了這份工作之外，以他那種有點藝術家的

個性是很難生存的。「對了！我們的紅葡萄酒去年還被選為年度金牌獎呢！妳不知道他所經營的心血有多大！」可齡用深情默默的眼神看了看他。

在搖籃裡就聞到葡萄酒

「我在搖籃裡就聞到葡萄酒味了，葡萄園是我學走路的園地，我祖父和父親牽著我的小手，告訴我這片葡萄園的故事，這一幕幕陪伴著我的童年。

我母親是這個鎮上的鎮長，又是我的小學校長。她無法了解我對這片園地的感情，總希望我能把書唸高一點。唉！卻一直無法如她的願。我記得我的小學老師學期末給我的評語是：『一個快樂的孩子卻不是一塊唸書的料子』。我母親是學校的校長，妳可以想像每次母親看到我老師的臉了，哈哈哈。」他豪邁的笑聲表露出了他活潑開朗的個性。

每天起床 先到葡萄園

「這片土地從小就在我的內心佔據了太多的位置，母親從來不知道我在這方面下的功夫。老實說，就算我書唸得再高，最後還是

↟ 酒莊十六世紀的嘗酒窖

會回到這片葡萄園的，因為我太愛它了！我早上六點起床，第一件事就要到葡萄園裡巡視一番。一天不到園裡走走，就好像缺了什麼似的，如果有事必須出差的話，唯一放心不下的還是這片葡萄園。它就像我辛苦養大的孩子一般。妳別看這片園地健健康康的樣子，背後的工作可是太多了，春夏秋冬四季都要照顧的，春天剪枝，夏天……。」

種名種葡萄 產酒送往波爾多

「這裡的土壤十分適合葡萄的生態，陽光條件又好，時時又有海風的滋潤。以往當地葡萄農生產的葡萄酒都被送往波爾多，再由他們來調製。妳看前面這些葡萄藤都是名種，像sauvignon、chardonay、merlot之類的葡萄種，另一邊才是地方品種像syrah、grenache這類地中海地區的葡萄種。」

江米歇爾的釀酒師顧問馬克接著說道：「這個鎮上的酒農觀念已經比較開放了，現在他們一起合作，一起研究，希望能創造出一些具有地方色彩的葡萄酒。既然波爾多的釀酒師都是使用這地區的葡萄酒去混製，卻被貼上波爾多酒商的名，為什麼自己不能下工夫打出自己的名號呢？

這就是為什麼我替那些出名的波爾多酒商工作多年之後，還是回來自己的鎮上幫忙的原因了。現在我聯合了6個傳統酒農一起合作，我做他們的釀酒顧問，每個酒農各自調製不同特色的酒，最後才由我來負責養酒。」

酒農依土地 品種 決定品種比例

「養酒的過程十分複雜，當這些不同種

↑酒莊十六世紀的嘗酒窖

類的葡萄汁液都被各別存放在發酵筒內,在各個酒農的發酵室中先酒化一段時間,再由每個酒農用自己的經驗調配出最好的配方之後,我養酒的工作才正式開始。」

「酒農所使用的品種比例與品質的關係?哦!他們使用的種類與比例,應該由他們對自己的土地與品種了解的程度來決定。任何人在葡萄酒剛剛被調配出來時,都無法預知最後的品質,必須經過養酒的程序,葡萄酒本身的變化之後,品質的好壞才可揭曉。例如江米歇爾就認為他的土地裡生的葡萄應該用1/4比例的chardonnay、syrah、cinsaut、grenache調配出來的白酒口感最好;這是經過了他顧客群的肯定才設定的。

這些不同種類的葡萄酒的新混合液,這時就被放到新的發酵桶裡,開始養酒的工作。我的工作是建議他培養室的溫度,每過一段時間我還得嘗嘗培養過程中酒味的變化,有時還要加入適度的酵母,和一點點的硫磺。

妳看起來好像不太放心?別擔心啦!硫磺是養白酒酒化過程中的必需品,為了過止某些酸性菌的繁生,但是份量之少,不會影響

酒的味道和人體健康的。更何況人體有時也需要一點硫磺這種礦物質的。」

當地人家 世代都是葡萄農

間隔在一排排的葡萄藤之間,為了保存葡萄藤適當的水分而種的一片片綠草皮,整齊劃一,我們正步行在平坦的綠草地上,欣賞著這片剛冒出新芽的葡萄園。

「Tressan這個地方世世代代都是葡萄農家。妳看到遠方比較高的山群,那就是比里牛斯,過了山群就是西班牙了!雲彩的另一邊,一望無際的平原到盡頭,那裡就是地中海了。」

鎮長母親 堅持控制新屋數量

和江米歇爾的母親妮可—Tressan鎮的鎮長,一起坐在她家後院的大陽台上,喝著她家特產的新酒,從陽台高地遙望過去的視野非常遼闊。

「我堅持著山丘地附近不應該蓋新建築的原則,主要是因為地方土質雖然適合種植葡萄,蓋房子卻不合適。由於當地的土質十分疏鬆,如果房子蓋太多,太沉重時,容易造成地基下陷的危險。所以我規定鎮上的新屋數量,有些地還特別規劃為公園保留區,給孩子們有些活動的空間,反正附近的地大部分都是我家的,我不賣,他們也拿我沒輒。麻煩的是其他的地主,我卻沒辦法,只能堅持不簽建築執照了!這裡的問題是離Montpellier這個大城市太近,只有25公里遠而已。自從TGV線開通之後,到巴黎只需3個半鐘頭;地價一下就漲了好幾倍,我真不知道下一任的鎮長能不能繼續我的政策!」

百年老藤白酒家族

在南特以南，充滿一片片muscadet白酒的葡萄園，其中Les Deux Sèvres地區一個酒農世家，當代的繼承人克里斯多夫剛從葡萄園裡工作回來，進了他寡母家準備用中餐。

3個孩子 僅1人願傳承父業

「我3個孩子裡只有丹尼最有心，願意繼承他的父業，其他的孩子有的當教員，有的當護士，早早就告訴我們不願意做酒農了。而且丹尼從小再這方面就比較有天份。

這個地區的酒農歷史十分悠久，我丈夫從小跟著他的長輩在葡萄園裡慢慢學習他祖先留下來的經驗，一點一滴的經營。我們當家時的產業一直沒有擴大，也不想變得更大，

現在由年輕人這一代自己去發展了，丹尼還年輕又單身，他的心可以都放在葡萄園上。啊！丹尼！你回來了！我們正談起你呢！」

「由於現代教育的關係，我們年輕一代只有偶爾在農忙時在葡萄園幫忙，平常只忙著上學；學校的功課，讓我們沒有時間對葡萄園感興趣，我是高中畢業之後，才突然對這

↑酒莊主人。

酒莊名稱：La maisonVieille（老屋的意思）

主人姓名：克里斯多夫Christophe Maillard

地點：南特南部，瑟維爾河畔，Pallet小城裡，一個叫Pé的小地方。

繼承父親的產業，傳統酒農克里斯多夫馬亞與家人和他的寡母住在一起，一進酒莊馬上感染一股溫馨的家庭氣氛。

嘗酒的感覺：酒莊出產以muscadet白酒為主，酒味香醇，尤其是用最老的葡萄藤生產的葡萄釀成的酒，更有一種久久迴繞的口感。可惜產量實在太少，特別珍貴。另外，克里斯多夫最驕傲的粉紅氣泡酒，他用珍珠荷花取名，為了表現荷花上水珠的清新感，真的，略帶甜味加上細膩的氣泡，融在口中馬上把清新的個性表現出來，我覺得還蠻適合當開胃酒。

▲ 在酒窖裡品酒。
▼ 羅克里斯多夫（丹尼）與姊姊手採了些葡萄園成熟的葡萄。

方面開始留意的。我父親過世時，大哥不想當農人，姐姐和姐夫更是完全外行。只有我了。我知道只有進農業學院繼續深造，才能救助家裡這片葡萄園，從那天開始我才對葡萄農業產生了情感。」

百年老藤 家族重要遺產

「當地的muscadet是法國傳統搭配海鮮生蠔的白酒，我們只用單種白釀酒葡萄melon，並不摻雜其他葡萄種。它是在勃艮地地區發源，卻在本地發揚光大。我的葡萄園裡有幾棵上百年的老葡萄藤，有可能就是從勃艮地移民過來的，現在還活著好好的呢！這些是我們家族的遺產，非常重要。它

們也許已經生產不出太多的葡萄了，但是它對我的意義卻是永恆的。我一直保存著這些老葡萄藤，最主要是想了解一下老葡萄藤最長的壽命，究竟能維持多長？」

↑酒莊主人ChristopheMaillard與客人在酒窖嘗酒。

用科學法承繼祖先遺產 救傳統

「另外,你看到前面的大木桶,我把它切了面,加上了透明玻璃,在背面放了燈泡。妳看到了沒有,木桶內壁上因為經年葡萄酵母的發酵作用的結果,產生了一層厚厚的沉澱物,這就是lie。當地釀酒的特色就在這層 lie上;酒農讓葡萄汁慢慢在這層lie上發酵酒化,釀造出來的白酒,因此當地的葡萄酒稱 muscadet sur lie,就是由於這種較特殊的酒化過程之故。

這樣的方式讓剛釀出來的白酒,就已經有老白酒的口感。除了傳統muscadet以外,我另外還在試驗用香檳地區的方法來釀造當地的白酒。請妳嘗嘗我的新產品,酒裡的小氣泡相當細緻吧?口感仍然保存了muscadet的原味,不是嗎? 哦!這裡是我的酒窖,我想把它設計成研究室的樣子,這些都是我的興趣啦!我很喜歡研究創新。」

「其實法國酒農必須了解一件事,全世界到處都有葡萄酒生產地,法國不是葡萄酒的專利國!傳統釀造經驗雖然是很重要,可是當別人都在進步,只有法國老是傲視世界,傳統經驗反而成了閉門造車的理由,就好像只有法國才是葡萄酒的專利似的,這樣下去,傳統也可能會被淘汰掉!我認為救傳統最終的辦法還是繼續創新改良,所以希望用科學的方式來承繼我祖先的遺產,我認為葡萄酒本身也是生化科學的一部分,用這種方式去經營應該是不會錯的。」

巴黎科技族重頭當學徒

山區景觀與普羅旺斯類似,還好缺了觀光客的擁擠:Corbière是地中海難得安靜、偏僻的度假區。進了Fitou葡萄酒產地,更是有如世外桃源的感觸。彎彎曲曲的山路,越往山區,白白亮亮的石灰石頭映在陽光下,顯得更耀眼燦爛。

沒有食品店麵包店的深山區

進了山區,走迷了路,遇見了一位好心的當地人,對我訴說了一些地方的資訊。「你們來度假嗎?哦!拜訪酒農的!我們這裡太偏僻了,很少看到亞洲面孔,原諒我的冒昧。Cascastel這個地方只有不到20戶人家,這裡已經是算是深山區了,從前面的鎮一直到內山區的幾個村,人口都差不多,每個村裡既沒有食品商店也沒有麵包店,只靠一個流動賣麵包車和流動食品商供應,這裡全都是酒農。」

昔日貴族遺跡 中古古堡

「妳們經過前面的小鎮時,有沒有注意到我們這裡的古蹟不少,卻都是廢墟!因為中古時代當地的貴族勢力不小。在妳們面前的建築,就是當地中古時代的貴族古

酒莊名稱:Domaine Grand Guilhem

主人姓名:Gilles Guilhem

地點:法國地中海西海岸,蘭格多克省的山區。

一對十分親切的年輕夫婦,男主人一副很紳士的樣子,有一對可愛的兒女出產有機甜紅酒,傳統紅酒,白酒與粉紅酒三類

嘗酒的感覺:甜紅酒的口感特別好,帶了甜李味道,乾紅酒因為陽光很足,特別濃郁。白酒是主人最感驕傲的產品,的確,聞香時已經把嗅覺佈滿了果味清香,入口時突然的酸慢慢的化成了甘濃。

酒莊主人全家福。

↑ 在老葡萄藤邊的葡萄酒。

堡，目前正在整修，將來會成爲我們鎮上的
文化活動中心，夏天將會有一些中古戲劇的
表演，希望能給鎮上帶來一些外地客。」

　　「我覺得地方人士太保守了，他們一直活在
自己葡萄園的世界裡，對外界發生的事都不感
興趣。我目前在倫敦的一家法國餐廳當廚師，
回來家鄉度假的，順便幫幫家裡的葡萄園。」

家戶世代務農 保留傳統生活

　　「這裡每戶人家世世代代都做農。由於
交通的不便，葡萄園多半在山坡地上，工作
比別的地方還辛苦，葡萄酒農全年都有工
作，所以當地人沒時間度假，自然的保存了
傳統生活習慣，個性十分保守，但也很樸實
好客。對了，這裡在前年發生了一件國際新

↑從酒窖門口看進去。

聞耶！妳看到那座跨在溪流上的新石橋嗎？前年當地突發了一次大風暴，引來了一陣歷史上少見的水患，當地人把這次的水患稱爲『河嘯』，這是幾百年來第一次發生的！結果把13世紀蓋的石橋給沖垮了，全村都被困在水裡，由於這裡是山區，只能調動直升飛機來救難，連我在倫敦都看到了這則消息，是不是轟動全世界！」

「眞高興認識妳們！你們要拜訪的酒農就在半山腰上那棟百年老屋裡。」

點滴經營 不想大量生產影響品質

上了山腰果然找到了本地唯一的有機酒農。

「這裡的葡萄酒一直相當出名，卻只有法國人比較熟悉。我們上次第一次參加Montpellier的國際酒展就收到了不少外國的詢價，尤其是亞洲地區的酒商，但是我想想之後，還是沒有回信。因爲接太多訂單會造成我很大的困擾，我們是一點一滴經營的，不想變太大大怕會影響品質和價錢。」帶著寬邊眼鏡，舉止儒雅，一副士紳模樣的吉爾，令人無法想像他是一個在葡萄園地工作的農人。

提倡有機生產 改變傳統農業

「當初我在本地提倡有機葡萄酒的生產時，被地方的老葡萄酒農嘲笑了半死，認爲我是附庸風雅、譁眾取寵，絕對不可能成功的！現在我的名氣漸漸作出來了，成了本地有機農的代表，其實我只是希望能慢慢改變傳統農業的觀念。畢竟用太多的農藥不是永久之策。」

「所謂的有機葡萄酒，當然是用有機葡萄所釀造出來的酒。我們絕對不再添加任何化學物來改良土壤或用除蟲劑來除蟲害，讓葡萄自己的免疫力去病蟲害，或是被自然地淘汰掉。」

葡萄種歷史久 老藤遍佈

「妳知道本地特產的葡萄種歷史十分悠久，尤其是mourvèdre這個品種，生命力很耐，適合當地貧瘠的土壤，有的葡萄藤可以活7、80歲以上！我的葡萄園幾乎都是老葡萄藤。這裡使用的品種除了上述品種之外，我們還使用syrah、grenache的紅白葡萄。當地的品種因爲能接收充足的陽光，所以含的糖分比較高，酒的味道比較濃郁，妳嘗嘗我去年的寶貝！怎麼樣？味道是不是很順、很圓滑，後口感有點果梅味吧？ 這就是果實本身要帶給妳的訊息，假不來的！」

堅持用葡萄提煉的酵母

「妳知道現代有上百種不同口味的葡萄酵母菌嗎？如果妳想在葡萄酒裡加強橘味或蘋果味的，什麼果實味都可以，只要買那種口味的酵母添加上去就可以了！我們到現在還堅持使用從自己葡萄提煉出來的酵母，就是

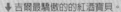

↑陪襯著Cascastel中古老教堂前的葡萄酒。
↓吉爾最驕傲的的紅酒寶貝。

不想改變當地葡萄酒的原味！現代的葡萄農為了廣告效果，在酒化過程中作手腳，而且還正式經過農會通過，名正言順的，實在不道德！」

老巴黎人 10多年前到此定居

「噢！妳覺得我說話沒有當地人的口音是嗎？老實說，我其實是個老巴黎人。十幾年前和我太太受不了巴黎的緊張，決定遠離大都會的生活，來到這裡定居。當初這片葡萄園的主人是一個老單身漢，在他退休那年，決定把這片他祖先世世代代留給他的遺產讓給我時，我感動得說不出話來。目前他老人家還是繼續做我的顧問。」吉爾好像還沉醉在他的回憶中，忘了我的存在 。

昔日科技新貴 葡萄園從新學起

「我從前是現代人所謂的電腦高科技新貴，卻對葡萄酒一直特別感興趣。以前在業餘時也曾參加嘗酒班，修葡萄酒釀造技巧課，還有嘗酒俱樂部之類的活動。

越來越深入之後，發覺到葡萄酒才是我最大的樂趣，於是我和老婆商量之後，賣掉了巴黎的一切，來到了這裡，開始作這片葡萄園主的學徒，一切從頭學起。現在總算有點基礎了。

當葡萄園的主人要退休時，他看我對葡萄酒的專注，學習態度的認真，最後才決定把葡萄園賣給我，不傳給他的侄兒。買下了這片葡萄園之後，才決定生產有機葡萄酒。雖然我沒口音，可是我的孩子們說起話來，卻已經都帶一口濃濃的南部腔了。」

香檳葡萄酒女婿

Reims附近，整個山丘向陽部分填滿了葡萄藤。在漢斯山中的一個Rilly小鎮上，前面雖然被一片片葡萄園所包圍，後面卻是一望無際，綠油油的森林，住在鎮上的Lefèvre-Beuzart一家人，簡單淳樸的安排著當地酒農的盛會

喜盛會歡宴 酒神慶典特別熱鬧

「本地的居民很喜歡盛會或歡宴活動。尤其是酒神聖文生的慶典特別熱鬧。我給妳看這些衣服是我們傳統慶典穿著的服飾，男女服飾各有千秋。妳看到這些老照片上，女士的服裝頭上的頭巾都是純白棉布，如今比較富有，都使用小花布了。

每年聖文生節慶期間，我們固定有6對負責活動的主辦夫婦。其中有一對就會輪作當年度的總幹事，男士總管葡萄酒和安排慶典活動的事，女士總管餐宴的事，所有的活動都是在十分隱密下決定的，只有這6對夫婦知道盛會將會有什麼樣的活動產生。

而當年的總幹事夫婦，一旦當過了總管之後，就必須自動退出，另外找一對新的夫婦加入。在新舊交接時，老幹事就想一些花樣來整新手。新加入的夫婦在完全不知道成了主辦人以後，究竟需要做些什麼事的情況下，舊人們就會想一大堆花招讓新人去執行。每年的花樣都不同，搞出不少笑料，其實最後

⤴酒莊主人Lefèvre-Beuzart在酒莊前。

酒莊名稱：Lefèvre-Beuzart Champagne

主人姓名：Lefèvre-Beuzart

地點：位於漢斯城南部的李依小山Rilly la Montagne區，一對淳樸的年輕夫婦，帶了一對可愛兒女，大院內有一棟獨立的房子，是專門租給尋酒路的過客，內部十分舒適，好像回到自己的家。打開冰箱還冰了幾瓶溫度適中的香檳酒。

嘗酒的感覺：粉紅香檳帶點甘甜的後趣。比起其他的香檳，還是他們傳統乾白酒比較順，氣泡也比較溫和。主人最驕傲的1996年份香檳果香十足，難得的好酒·

的目的只是爲了好好的醉上一番罷了！」

6對夫婦輪流主辦 供應自家釀酒

「在每年慶典中，有一項固定的活動，就是依照傳統將當年節慶用的雞蛋麵包麵糰保留一小塊下來，第二年再加入新麵糰中發酵，作出新鮮的雞蛋麵包給眾人吃，表示去舊迎新之意。」

「這些慶典使用的酒來源當然是由所有主辦的家庭提供；所以一旦成了主辦單位的一份子，花費十分可觀！還好最大的損失也不過是一些自家釀的葡萄酒而已。聖文生節當天的彌撒，酒農們自然會帶著自己當年釀的酒到教堂裡讓神父祈福，當然還得孝敬神父一些呢！知道如何主持節慶儀式的神父並不多；所以這些神父在節慶時都可以收到不少香檳酒！被祈福後的酒都必須供應當天節慶之用，因此有不少香檳酒會在當天被消耗掉。香檳區的慶典之多，聖文生慶是最大的盛會，其他還有每個月一大慶，每個星期一

小慶！這是很平常的，妳知道這就是香檳酒的特色嘛！哈哈哈！」

臉蛋因爲經年在太陽下工作的關係，被曬得紅通通；說起話來，聲音很大的酒莊主人老婆馬麗蓮，豪放的個性，明顯的表現出傳統酒農子弟的氣質，她對我解釋著當地熱愛盛會的習俗。

保持規模 從不增加

酒莊主人接著說道：「香檳地區是全法國葡萄酒最得天獨厚的產區，我們的產區從以前就一直保持著同樣的規模，從不增加，所以每個葡萄酒農都是世世代代流傳下來的。

在我太太的父母過世時，她繼承了這片葡萄園。原本我還沒結婚以前，只是鄰村一般農家的子弟而已，對於葡萄這門特別的農事並不太熟悉，尤其像香檳酒這麼特別的釀造方式！」

「娶了馬麗蓮之後，一下繼承了這一片片加起來將近3公頃的葡萄園時，實在有點手足無措！還好老婆是從小學習葡萄農事長大的，教了我不少技巧，而且我對於農作物的種植本身就相當有興趣，也許還有些天賦吧；我只知道順著農作物的天性去培植應該是沒錯的！另外像比較複雜的酒化發酵過程，我其實還在學習中呢！還好從每年增加的客戶訂單上，大概可看出自己在進步吧！」

大廠外銷 小酒農供應當地

「香檳酒目前並沒有滯銷的問題！其實香檳酒雖然聞名全世界，卻不會像波爾多地區的酒一樣的惡性競爭。波爾多的問題是擁有太多不同種的產地名稱，不太容易讓消費

↑ 酒莊採葡萄。

者了解各產地的特色，況且產地又不停的擴大，生存競爭太激烈，產地與產地之間只好互相攻擊毀謗，結果把消費者弄得糊裡糊塗的，更不知從何選擇起！

我們香檳地區大家都叫香檳，不分產地種類，所以比較不會混淆消費者的選擇性。我們當然也有高級的名酒，但是他們的客源和我們一般酒農不同，大家沒有競爭性，只有互補性。大廠牌專攻國外的市場廣告，擁有國際市場；而小酒農除了供應大廠牌的原料之外，自己也做些歐洲或當地客戶，維持一定的利潤，這樣不是很好嗎？

生產不必太多 餘暇歡宴享樂

香檳地區各個酒農都很富有，不可能有滯銷的問題！當地的小酒農不需要做太多就夠用了，剩下的時間當然可以歡宴玩笑啊！我們的葡萄園不大，什麼都靠自己動手不需要機器，所以也沒有太多的貸款。當地的AOC地方規定不可以用機器採葡萄，各酒農只能雇用採葡萄工用手工採集，所以每年葡萄成熟時，地方的居民就會突然多了起來，妳可以想像當地採葡萄慶的熱鬧了！」

葡萄園有價無市 多傳承家族

「妳是說如果外地人想買香檳地區的葡萄園啊！不太可能的！當地的葡萄園價碼很高，而且是有價無市的！每個酒農都有自己的直系兒孫或旁系家人的繼承者，很難流到外人的手上。

像我們有兩個孩子，將來我們那一小片一小片的葡萄園必須割成更小的一片，讓我們的後代繼承，其他的酒農都是一樣的，哪有賣給別人的道理。除非娶了酒農的寡婦！老實說當地還蠻多擁有不少好葡萄園的寡婦呢！妳難道不知道名牌香檳酒中就有一個很特別的寡婦名牌，不是嗎？哈哈哈！」

↑ 裝瓶照片。

法國2顆星飯店兼餐廳。

PART 4
實用資訊
交通篇

法國除了大都市內部公共交通較發達外，各個小地方之間的銜接十分不便。加上法國重要交通網都以巴黎作轉接點，一切必須從巴黎為導覽起點來延伸。

自由行者，搭火車是最方便，最經濟的方式。

從飛機場下來後就有免費銜接交通車，送到往巴黎市中心方向的RER捷運站，以及TGV長途火車站。站內都有買票窗口，售票員通常可以說英文。

火車
從巴黎搭火車

巴黎火車站：「看自己要去那裡，目的地不同，搭火車的地點也不同！」

到香檳區或阿爾薩斯酒鄉區，那麼則必須在巴黎東站Gare de l'Est坐車；到普羅旺斯、隆河谷酒鄉，必須在里昂火車站Gare de Lyon坐車；到波爾多、南特、圖爾、法國西南部酒鄉，則在蒙帕那斯火車站Gare Montparnasse坐車。

↓巴黎東站。

法國國內線火車種類

TGV高速火車，連接法國各大都市，與飛機票一樣，必須預先訂位。

TER連接中小型城市地方性快速火車，可以不必事先訂位，上了車只要椅靠上的號碼沒有放置黃色紙條就可以任意坐。

Corail連接法國短距離城市的普通車，與上述車種一樣可以不必事先訂位。

↑TER火車。

↓法國Corail火車。

等級不同　顏色不同

不論任何車種都設有一、兩個頭等車廂，兩種等級的車廂內顏色不同。

由於法國鐵路局隨時會有查票員上車查票、現場罰款的制度。因此上車時千萬注意不要上錯等級的車廂。

如何買火車票

TGV需預訂 其他可當天買

　　TGV票最好事先訂位。臨時買票的話，通常電腦已經無法劃位了。

　　在淡季時上了車通常還是會有空位。不過到了旺季時，有可能會發生一路站到底的尷尬情況。

　　其他車種的火車票都可以當天買票，一般都會有空位，因為搭這類火車的旅客並不多。

巴黎車站可買往各地車票

　　在巴黎的各大火車站內都可以買到法國各地大小城市的火車票，甚至通往歐洲內陸各地的車票。

　　火車站售票窗口上，都會打出只賣國內票或兼售國際

↑ 火車站售票處

票的告示。

　　賣國際票的窗口都會說外語。如果在窗口上掛著一面小英國旗，表示他們會說英語，窗前掛上不同國家的小國旗，以示他們能表達的語言。

鐵路局網站可購票

　　可以上SNCF法國鐵路局旅遊網站上直接買火車票，**http** www.voyage-sncf.com

↑ 自動售票機

交通篇

巴黎市内多處代售處

巴黎市內有許多SNCF火車票的代售處，甚至在RER大站內（如Châtelet-Les Halles站），也設有火車票代售處可以事先買票。

掛有SNCF標誌的當地旅行社，大概可以知道他們也代售火車票。

自動售票機

巴黎所有火車站內都設有國內線火車票自動販賣機，操作十分簡單方便，卡族可以隨時買票，不會受到售票口的時間限制。

特別注意：

歐洲習慣用Visa卡

歐洲人只習慣用Visa卡，美國運通卡在歐洲不流行，所有提款機或販賣機都接受Visa卡，卻不見得接受美國運通卡。

特別注意：

記得票要通過剪票機

不要忘了哦！買好了車票，要上火車前，千萬一定要將火票經過剪票機器打一下，才算生效，否則在車上遇到查票員時，一樣被罰款。

↑ 鄉下小火車站

法國不像其他亞洲國家一樣，由火車站剪票員剪票，全靠旅客自己的自發性，因此在月台前都設了剪票機，只要上車前將票插入類似打卡的機器裡，機器會發出一種像收銀機打字的聲音，這表示已經打上了日期。

如果票插入機器內沒有任何反應時，不要問為什麼，趕快換另外一架機器打上日期，多試幾台，因為這些機器經常出問題的。

法國查票員通常是不會過問究竟是機器懷了，還是客人自身的過失，最後總是乘客自認倒楣了。

↓ 月台前停靠站告示牌和打票機

特別注意：

上車前 留意搭車月台

火車站時刻表會在火車開車時間20分鐘前打出火車班次的月台號。

但是上火車前，最好還是看一下在各月台上火車頭前面的告示牌，看到了自己要到的站名，算算第幾個停靠站才上車比較可靠。

一般火車票都會打上到達的時間，所以一旦上了火車，隨時注意自己的手錶，時間快到時，再準備下車就可以了。火車在每一個停靠站通常都會停留兩分鐘左右，大站停留時間稍微長一點。

抵達酒鄉

抵達法國各酒鄉的大城市後，就可以開始尋找酒鄉小路囉！

健行高手可以事先鎖定地點，到了大城市的書店，先買一張米其林當地詳細步行地圖後，用基本公共交通工具到達較大的城鎮，才開始慢慢走入鄉間小路中 。

最好還是租一部車，慢慢享受法國不同風味的酒鄉小路風光之美，隨走隨停，去發現一些都市人無法擁有的寧靜與緩慢，或迷失在如迷宮般的葡萄園中。

到法國鄉下走路

近距離只有這種方式，比較簡單，也比較划算。

到法國旅行必須先練習走路的習慣。法國鄉下人仍然保持農家的習慣，走路是最基本的「交通工具」，到法國就須「入境隨俗」。

搭地區性公車

小城鎮站牌不是很明顯，看不懂法文的自由行者不宜冒險，地區性公共交通工具是由地方政府的經費經營，因此，有些小地方經費不足，地方交通工具並不完善。本地人比較清楚他們的公共交通狀況，外地人則通常容易迷失。

大小車站前搭當地Taxi

如果只是在小城鎮市中心的距離，又不想迷路或走路的話，這個方式是最簡單。同樣距離，費用大約是台灣計程車的兩倍左右。

小地方的出租車司機雖然不會說英文，卻可以放心地搭乘，他們一般都相當友善純樸。

租車

集合了幾個會開車的朋友一起旅遊的話，租車在法國是一個相當經濟而且方便的旅遊方式。

由於歐洲大城市的公共交通太發達，加上停車位難求，一般都市人多半沒有自用車，只有在度假期間才會租車。

另外歐洲生意人出差，為了節省時間，避免開長途車的勞累，到當地租一輛車拜訪客戶，比較方便。因此租車是歐洲人最常用的旅遊工具，十分普遍。

機場車站租車櫃臺

在法國各機場以及大火車站都設有租車公司櫃檯，由

交通篇

↑ 租車公司門市部。

比較划算一些。

租車前準備

1. 在出國前千萬記得先換取國際駕照。
2. 法國當地的租車公司通常都供應手排檔的汽車，最好事先練習好手排車駕車方式。

法國開車注意

路標雜亂 樂觀看迷途

法國人的天性十分隨性，所以他們的路標也和他們一樣任性。

風景是絕對美，法國人是迷糊的可愛，可是總帶了一點雜亂；鄉間標示時常會突

國外來做生意的商人時常租車，因此國際租車公司櫃檯的服務員都會說英文。

人數與租車建議

2人以下最好火車轉租車

只有一、兩人同行的話，最好還是先坐火車到酒鄉附近大都市後，再租車比較划算；因為火車票經常有特別折價方式，不論單獨買來回票，或兩人同行時，如果提早買票的話，通常都有25%的優待。

4人同行可從巴黎開始租車

至於4人行的話，可以從巴黎就開始租車，分攤租金

↑ 羅浮宮內部租車公司門市部

然失蹤，讓人十分困擾，這時很有可能會迷路哦！

　　觀光客到法國鄉下自由行時，最好能隨時保持「迷途羔羊的樂趣」，也就是發生狀況時能有應變樂觀的心態，再準備行程。

預防迷途的小方法

1. 到了當地記得一定要買一張地方詳細的米其林道路地圖。
2. 儘量走地圖上較大的道路，一旦發現自己迷路時，記住繼續直直往前走，走到鄉間道路較大的道路上或交叉路口，交叉路口通常會有新標示出現，再找地圖上位置，重新出發。

租車公司

　　法國境內租車公司相當多，其中較出名可靠的租車公司有

■Avis
http www.avis.fr

　　在法國各機場和大火車站內都設有櫃檯，服務員通常都會說英文。

■Hertz
http www.hertz.fr

　　設在法國各機場，大火車站大型停車場附近；在羅浮宮地下商場內也設有櫃檯。服務員都會說英文。

■Rent a car
http www.rentacar.fr

　　價錢比較便宜，只是門市部散佈在較偏遠的地方，外地人不太容易找到。

■ADA
http www.ada.fr

　　類似前者的性質。

■Budget
http www.budget.fr

　　國際公司，只有在法國機場，以及國際火車站才設有櫃檯。

　　這些租車公司都可以直接在網路上訂車；或者在機場櫃檯，巴黎主要火車站附近的櫃檯訂車，到達目的地再取車。

法國當地租車方式

1. 櫃臺位置

　　租車公司門市部多半設在靠近火車站附近的大型停車場，或市中心大型停車場附近，以便取車。

2. 準備證照

　　租車人必須準備本人有效期的駕照、信用卡。先到門市部辦理租車手續，填寫表格。國際性租車公司，通常備有英文表格。

3. 選擇保險

　　建議保全險，雖然比較貴，但是乘客以及行李都保在內。

4. 刷卡擔保

　　車公司會用客人的信用卡先刷一張金額很大的保證金，和表格放在一起。

　　為預防客人偷他們的車，或是車子有重大破損時的擔保，客人一定要刷這張保證金，不用擔心金額超過自己帳戶存款，只做擔保之用。

5.還車時間地點

　　手續辦好之後，千萬記得問清楚還車時間和地點，以及他們門市部關門時間。（最好選擇租車和還車同樣地點比較簡單，以免找不到還車地點，遲了還車時間。）

交通篇

6. 取車時先檢查

租車公司把鑰匙交給客人的同時,會告訴租車人在租車當時的車子破損狀況,同時在合約上所繪製的車身位置圖上,正確的標示出來;這時最好馬上找車子親身驗證,認同後再簽約,以免還車時,有理說不清。

7. 還車時確認車況

一般正常用車的磨損,車公司通常不會在意;只有在嚴重破損,或是被超速照相,警察罰款沒有現場付費的情況下,才會產生賠償費用,車公司會視客人所投的保險種類索賠。

因此切記,如果車子有嚴重損壞的情形,還車時就將破損情形以及可能被罰款的狀況說清楚,以免回國後造成索賠糾紛。

租車種類

1. 大型車

法國國際性大型租車公司都擁有各種類型的車,大型車較多德國或法國廠牌的車子,小型車則多法國或義大利的車種。

2. 網路訂車

網路預先訂的車種,或是在巴黎門市部事先訂的車型,可能會與在當地取車時的車種有些差異。

國際租車客人經常會在一個地點租車,在另一個地點還車,因此租車公司只能供應當天客人還來的車子。

只要是等級相同,租不到自己原來想要的車型的事常常發生,這點不必太計較。

3. 旅行車

準備買很多東西,行李太多、太大的自由行者最好選擇大型的旅行車,一般歐洲小型車行李箱都十分狹小,只適合歐洲人短距離旅遊用途,以亞洲人旅遊的行李箱尺寸是絕對放不下的!

小小忠告:

歐洲自由行,行李箱一定要有輪子,尺寸以飛機機艙內行李大小最理想,越輕便越好哦!

價格分類

1. 租車價錢以汽車等級先區分。

2. 選好車種,再以天計價;以週末3天2夜(**一定要過星期六**)計價,或一星期計價,甚至以月計價。租車時間超過兩天以上者,最好是過週末比較划算。通常租車公司都有週末促銷價。

超過3天以上、一週以下的假期,是最聰明的省錢方式,還是經過週末,剩餘時間再以天計算。

3. 大型租車公司由於公司規模大,車輛較多,車種類也比較齊全,如果臨時有車拋錨狀況發生,他們可以立即派人來換車,還車時檢查車況也比較不計較,雖然價錢較貴,卻比較有保障。

行程規劃篇

依假期長短
勿填滿行程

行程安排當然應該依自己的假期時間長短來規劃，記住不要把時間抓太死，也別想填滿所有的空格，留下一些空白，去發現一些未知的險路。或許在旅途上都順暢無阻時，也可以享受法國鄉下悠閒緩慢的腳步。

小小忠告：
看個性考慮跟團

獨立性不高，應變能力不太足，或者偏向悲觀的天性時，最好還是考量跟旅遊團比較容易，否則可能會有嚴重的無助和失落感哦！

建議行程

現代人工作繁忙，假期不多，因此依短天數假期來策劃，最好是定點旅遊，或是從巴黎坐火車到酒鄉最近的大城市，再租車。

為了考量少量的假期，又希望能在巴黎住幾天，以下建議幾個比較適合上班族的行程：

一天兩夜最適合地點
1.香檳區

距離巴黎不到兩百公里處。從巴黎出發可以當天來回，早上在漢斯市中心逛逛、吃中飯，逛逛附近香檳酒莊。在漢斯山脈附近找家小酒農舍過夜。

2.羅亞河谷

距離巴黎250公里處。從巴黎出發可以當天來回。早上可以先參觀出名的Chinon城堡，附近吃飯，繞繞葡萄園區，找家農舍過夜。第二天可以再參觀Chambord堡。

4天3夜最適合玩法
1.阿爾薩斯酒鄉

坐火車到首都司塔斯堡下車，再租車往南經Sélestat謝蕾絲塔到寇馬Colmar之間，雖然沒有特別的古蹟，小城鎮卻各有千秋，繞一周再還車，可慢慢享受鄉間樂趣。

2.勃艮地、薄酒萊
加侏羅酒鄉

坐火車到狄戎下車，租車後先往南到金丘酒鄉，繼續南下150公里到薄酒萊中丘陵產區，往東北經侏羅高山型酒鄉再回狄戎還車。其間風景特色，建築風味趣味各異，收穫將十分豐盛。

3.隆河谷、普羅旺斯遊一圈

先坐火車到里昂下車，租車先朝東往阿爾卑斯山脈群慢慢欣賞俊俏山景，再往南下到風景截然不同的山城普羅旺斯，到海線鮮明的蔚藍海岸酒鄉，再往北上經隆河谷慢慢回到里昂還車。

沿線風景嘆為觀止，又可以享受風味不同的葡萄酒。

4.蘭格多克酒鄉

坐火車到Montpellier蒙波里耶租車，往南去發現地中海另一段鮮為人知的海岸線，到Perpignan之後，往內陸西走，繞內陸空曠的山城區再轉回蒙波里耶。這段風光不論海線或山線因人煙較少，具有特殊野性美。

5.波爾多酒鄉加西南部

先坐火車到波爾多下車租車，往東慢慢經過一大片的葡萄園，慢慢南下往多東Dordogne河岸，經別傑哈克Bergerac，轉回西北往甘邑

行程規劃篇

出產區往南順加隆河回波爾多。經最出名的葡萄酒鄉，順便看看壯觀的河谷風光。

6.羅亞爾河加南特

在南特下車，驅車往南部Muscadet酒鄉，繞道羅亞河谷經酒鄉城堡轉回南特。城堡、海港、酒路多重享受。

小小建議：

不敢冒險 最好參加旅遊團

沒有太多時間的上班族人、不敢自己冒險找路的退休族人，最好還是參加旅遊團，時間上比較不會耽誤。事事別人都安排好了，比較輕鬆，不必傷腦筋！

旅遊資料：

可找專門旅遊書店

為了得到更多法國旅遊資料，在台灣有較專門的旅遊圖書公司，例如專賣旅遊資訊、本身也是旅行社的雅途圖書公司（http www.direct.com.tw）。

選擇旅遊團建議

參加純法旅遊團，不論價格太便宜，或行程太多都不是最好的選擇。

理由1：時間比金錢重要

法國市中心或觀光區物價很高，便宜的團，住宿飯店距觀光區或市中心很遙遠，為節省住的經費，卻浪費太多不必要的時間在車上，對於時間寶貴的觀光客而言，時間畢竟比金錢重要！

理由2：行程太滿弊病多

1. 法國交通常會出現小狀況，罷工、施工、亂停車等等都是家常便飯，行程太多時，通常會為了趕路、趕時間，結果不只什麼都沒看清楚，回國也不知道自己去了那些景點！
2. 歐洲規定，長途司機一天的工時不可以超過12小時，其中包括吃飯1小時，每開2小時車必須休息30分鐘，所以實際開車時間只有8小時。

如果司機沒有遵守規定，罰金130歐元。歐洲長途車都設有電腦計算里程時速印表機，機器就鑲在方向盤裡。電腦印紙每天開車前必須換新，停車後取出印表，寫上日期，一張張收集好，路上遇到警察時，馬上可以從過去的電腦印表資料上查出有沒有超時、超速，被查到時可以累積罰金。

這些規定是為了讓長途司機能充分休息，避免因疲勞分神而產生意外。因此，長途司機時常因為旅行團的行程太多，造成工作超時的問題與觀光客衝突！

有些旅行社為招攬生意會把行程「抄」得滿滿，有種「大碗攪俗」的感覺，可是出了國就不是這麼回事囉！

最好問一下每天行程的公里數，讓自己心裡有準備，究竟每天坐長途車的時間，扣除吃飯、尿尿、團友遲到、自己迷路，到底還剩下多少時間可以遊覽觀光。

勸大家就算跟旅遊團還是最好事先做點小功課哦！

選擇旅行團

台灣安排歐洲線多年的旅行社，如雄獅（http www.liontravel.com）旅行社，也安排一些法國深度行程。

美食篇

法國的美食觀是傳統的。

在法國的傳統社會裡，廚師向來的社會地位都不低，尤其是上流社會的廚師幾乎是維護上流社會水準的關鍵人物。

歷史故事

王室愛下廚 重廚藝成傳統

歷史上甚至還有些法國王室貴族人物喜歡親自下廚，養成了法國人重視廚藝的習慣。18世紀好大喜功的法國路易十四死後，他的曾孫路易十五尚未成年，由他的侄兒奧里昂王飛利浦攝政。

國王不顧體制
愛與親信研究菜色

飛利浦與他伯父的風格完全不同，對掌權一點都不感興趣。時常與他的親信們自己研究菜色，親自下廚，自己安排晚宴。最後總是與他的親信們笑鬧成一團，醉臥倒地，呼呼大睡，完全不在乎宮廷的體制和規矩。

他的女兒由於菜做得十分出色，在她安排下的晚宴都成了當時名流的最愛。因此他的保護人路易十五在這樣的環境下成長，自然而然也就養成了喜歡親自下廚動手的嗜好。

路易十五發明最出名的一道菜叫「羅勒葉雞」，每當他離開凡爾賽的嚴肅，與他的愛妃寵臣們到達他私人的別宮時，馬上除去了國王的外衣，變成了一個簡單的士紳，與大家一起分工，在廚房裡準備自己的晚宴！

情婦用手藝抓緊國王心

路易十五最有名的情婦旁帕度夫人，因為擁有一個天份很高的廚師，教了她不少做菜的秘訣，因此能把她王室情夫的心緊緊的抓住！旁帕度夫人的明智，保護了許多當時的哲學家，發現了許多藝術家，法國的生活藝術因而傳遍了歐洲各地，其中法國的廚藝就從18世紀之後，與其他的藝術站在同等的地位上了。

＊人類使用酒類當食材的歷史已經相當悠久了。而法國由於偏愛葡萄酒的關係，在法國菜裡用葡萄酒做的菜更是不少。

法國人食的特性

1.肉汁加酒收汁成慣例

法國內陸人特別愛吃肉。吃肉時通常吃原味另外再加醬料。不論煎或烤肉，在煎鍋裡或烤箱裡，都要把肉汁收集起來，用肉汁為本，加上其他的香料，再加入葡萄酒或高湯來收汁液，煮稠之後就成了醬。通常白肉用白酒來收汁，紅肉用紅酒來收汁，這幾乎是不成文的道理。

2.重視烤肉師 功夫一流

在法國廚師裡烤肉師的工作十分重要，由於各種肉類以及肉類部位的煮法各有千秋，法國烤肉師就必須針對每種肉類的特質、牲畜的解剖有相當的研究。

除此以外還要了解煮熟的肉味與醬汁調配度，這些都

美食篇

↑ 法國戶外烤肉。

是經驗的累積！一般餐廳好壞的評判，肉質的選擇十分重要，醬料的功夫更是不可忽略。

3.海岸線愛吃海鮮

法國靠海岸線的人喜歡吃海鮮類。

海鮮類通常的做法都是使用白酒醬，或是鮮乳醬、奶油醬。

魚類通常做成白白的菲力魚排，再加醬汁。

海鮮類則多用水煮，再沾法式美乃滋。（用法式芥菜醬調製，與美式的酸甜美乃滋味道完全不同哦！）

地中海的魚比較腥，法國人用全魚加很多香料、蔬菜用攪拌機打成濃魚湯。（是一種濃鹹魚湯，千萬不要想成台灣式的清魚湯哦！）

法國人到海邊戲水時，中午餐特別喜歡吃淡菜清煮白葡萄酒，再加一盤薯條。因此法國海岸線的特別菜通常都會看到moules、frites這類招牌。

法國四季菜色

四季的食材不同會影響四時的菜色。

四季都產

大蒜白、蘿蔔類、馬鈴薯類、甜菜、白菜類和大芹菜、生菜。

水果類則只有蘋果、柑橘類。

春夏菜種類

嫩豆類、嫩筍瓜菠菜、嫩綠蘆筍、嫩蘿蔔類、四季豆

春夏果種類：

櫻桃、杏果以及各種類的水蜜桃

夏蔬菜種類

筍瓜、番茄、西洋茄子、白蘆筍、各類青紅椒、茴香、大黃瓜、朝鮮薊

夏水果種類

西瓜、各類香瓜、甜李、草莓、藍莓、各式樹林野果

秋冬蔬菜種類

南瓜類、白菜、馬鈴薯類

秋冬果種類

酪梨類

↑ 法國家庭自製盛會小點。

常見魚肉蔬果 中法對照表

在法國餐廳常見的魚肉類，以及蔬菜水果的中法對照表：

蔬菜類Légumes

Ail大蒜
Artichaut 朝鮮薊
Asperge蘆筍
Aubergine西洋茄子
Carotte紅蘿蔔
Céleri芹菜
Chou白菜
Concombre黃瓜
Courgette筍瓜
Epinard西洋菠菜
Fenouil茴香
Haricots verts四季豆
Navet白蘿蔔
Oignon洋蔥
Petits pois小青豆
Poireau大蒜白
Poivron rouge紅椒
Poivron vert青椒
Pomme de terre馬鈴薯
Potiron大南瓜
Salade生菜
Tomate番茄

水果類Fruits

Abricot杏果
Banane香蕉
Cerise櫻桃
Citron檸檬
Fraise草莓

⬇ 法國市場裡的魚攤。

 美食篇

↑西洋茄

kiwi奇異果

Mandarine柑橘

Mangue芒果

Orange柳橙

Pamplemousse葡萄柚

Pêche水蜜桃

Poire酪梨

Pomme蘋果

Prune甜李

魚類Poissons

Bar鱸魚

Cabillaud (Morue)鱈魚

Dorade鯛魚

Mulet烏魚

Sardine沙丁魚

Saumon鮭魚

Sole龍俐魚

Thon鮪魚

Turbot比目魚

家禽類Volailles

Caille鵪鴣

Canard鴨子

Coq公雞

Dinde火雞

Oie鵝

Pigeon鴿子

Pintade珠雞

Poulet雞

肉類Viandes和
內臟類Les abats

Agneau小羊

↓茴香菜　　　　　　　　　　　　　　　　　　　　↓朝鮮薊

↑ 市集賣的烏魚

Bœuf牛
Cabri小山羊
Chèvre山羊
Foie肝
Langue舌
Mouton羊
Pied腿
Porc豬
Porcelet乳豬
Rognon腎 (腰子)
Tête頭
Tripes胃腸
Veau小牛

魚或肉類部位

Côtelettes小排
Entrecôte帶骨排 (只有牛肉
才會用這個字)
Escalope薄排

Filet菲力排
Gigot小羊腿
Pavé厚排
Steack牛排

熟食品類Charcuterie

Andouilles腸胃腸
（以大量豬腸、豬肚灌製，
經煙燻或高度風乾的臘腸）
Boudin血腸
Foie gras肥肝
Rillettes肉絲醬
Saucisse (Saucisson)肉腸
Terrine或 pâté肉凍

配食Garniture

Frites薯條
Pâte義大利麵
Purée 蔬菜泥
Riz米飯
以及其他的蔬菜類 （法
文部分請參照蔬菜類中法對
照表）

其他簡食餐廳常見字

Crêpe白麵粉煎餅
Croque monsieur烤起司火腿
夾心吐司
Croque madame 同上，只是

多加了一個蛋。
Galette黑麥麵粉煎餅
Hot dog 熱狗三明治
Omelette煎蛋
Sandwich三明治

法國餐飲店招牌分類

Bar

只賣飲料，不做熱食，最
多只賣法式長麵包三明治，
或夾心土司。

Brasserie、Café

傳統所謂的咖啡館，酒
館。可以只點飲料。也是餐
廳的一種，價格比正式餐廳
平價，中午也做簡式套餐，
是趕時間族的最愛。一般都
設在火車站、觀光據點或上
班族集中的商業中心。

Restaurant

正式的餐廳，地點比較不
明顯，較小的觀光據點城鎮
會設指標。

注意：在正式餐廳裡千萬
不可以只點飲料不吃餐。

美食篇

↑用產酒區命名的酒館
←蒙馬特山有趣的葡萄酒館招牌
→法國咖啡廳
↓咖啡酒吧越晚越熱絡

菜單上應注意關鍵字

Menu套餐

「前菜+主菜+甜點」，只有吃餐部分包括在內，冷熱飲料必須另外附加費用。

Menu du jour：當日廚師建議的套餐，也可以只單點主菜一種，是最經濟實惠的方式。

如何判斷餐廳價格

法國餐飲公會規定，所有餐飲業都必須在門口張貼菜單和價目表，更有些簡餐，快餐廳乾脆把餐點照片附在菜單上，進餐廳前最好先研究菜單和價格，會減少發生一些不必要的誤會。

Formule特種套餐

常見的是兩點套餐,「前菜＋主菜」或「主菜＋甜點」任選一種,或兒童套餐 formule enfant。

A la carte單點,可以將全套分別單點,也可以只單點主菜。

Entrée前菜

有點開胃作用,十分輕淡,有些法國怕胖女士只點

↑ 用黑板寫出的菜單
↓ 餐廳一般的菜單

前菜。春夏種類有salades生菜沙拉,或熟食醬肉等,只有在秋冬時有的餐廳才會建議濃湯類。

Plats主菜

通常有魚或肉可以做選擇,一般魚或肉旁邊一定都會加上蔬菜或澱粉類的配食。這些主菜都是主廚維持餐廳招牌的經典,因此在菜牌上用字各有千秋,有時連法國人都搞不清楚,所以只要認清是魚或是肉就好了。

Fromages乳酪類

法國人吃完整餐後,有時還喜歡再吃乳酪。

Desserts點心

通常有Glaces有乳味的冰淇淋、Sorbets水果冰淇淋,以及各種水果派之類。

Boisson chaude熱飲

法國人吃完飯通常會點個Café咖啡或Thé茶,晚上太太小姐們則會點Tisane花草葉熱飲。

Boisson froide冷飲

礦泉水eau minérale、汽水soda、可樂coka、果汁類jus de fruits。

註1:一般的餐廳都應該免費供應自來水(法國可以生飲)。只要告訴他們,「請您給我一瓶水!Une carafe d'eau,s'il vous plait!」(發音:「允卡哈福豆,西福呸蕾!」)

註2:Vins葡萄酒類:Vin rouge紅葡萄酒、Vin blanc白葡萄酒兩種類。

註3:某些餐廳與固定酒商買整桶酒來分裝,因此客人可以點一杯un verre或一瓦罐un pichet(有25cl厘升和50cl厘升兩種),有些通俗餐廳甚至會放整瓶une bouteille(75cl 厘升)酒在桌上讓客人喝多少算多少。(法國常用的「cl厘升」=｜10ml毫升」)

註4:法國人吃飯沒有配湯的習慣,只用飲料或葡萄酒來配食,因此他們一定要點飲料。服務生點完了菜一定會問要點什麼飲料,如果

美食篇

↑ 普羅旺斯 Bandol 酒杯
↓ 普羅旺斯 Bandol 酒滴

什麼都不想喝，可以只叫自來水，只是服務生通常會擺臉色，因為自來水不要錢！

Alcools飯前或飯後酒類：

Apéritif飯前酒，digestif飯後助消化酒

餐廳慣例

1.等候帶位

進了餐廳，不論餐廳等級，都要先等帶位服務生讓客人知道那個桌台可以坐。

2.舉手招呼

服務生讓客人坐妥當之後，順便會留下菜單讓客人自己研究。只要客人將手舉起來向他們打招呼，服務生就會過來點菜。

3.講明套餐單點人數

點菜時要很清楚的告訴服務生，在座的人那幾個人點套餐、那幾個人單點，讓服務生不會混淆價格。

4.點餐後不要換位子

不論套餐或單點，服務生都會從前菜、主菜、點心按順序登記下來。然後才會問飲料，也是按座位分別點飲料之後，服務生才到廚房去下單。

這時最好不要再隨便換位子，因為服務生無法記得客人的臉孔，只記位子。

5.先喝開胃酒再點菜

正式餐廳的服務生通常會問客人喝不喝開胃酒，客人不喝開胃酒時才會馬上開始點菜。

6.客人不可動手收盤

正式餐廳的服務生都是經過特殊學校的訓練，必須有服務生執照的。所以上正式餐廳吃飯時，必須由他們服務倒酒、收盤，不可以自己動手收拾。

7.單點與套餐主菜同時上

只單點主菜的客人必須先等其他點套餐的客人用完前菜後，與其他套餐客人一起上主菜。

8.刀叉置盤內表示用完

一道菜沒有吃完、不想再吃，可以將刀叉放置盤內，服務生就知道客人已經用好了；否則服務生不會告訴廚房準備下道菜，客人可能等很久都不會上下一道！

須遵守基本禮貌：
不要和人分食

法國人傳統是1人1盤菜，

只吃自己盤內菜，不會和別人分食。千萬不要點幾樣菜大家分，法國人認為這是十分小氣的舉動，不只會被嘲笑，服務生也會被混淆，到時可能會引起不必要的誤會。

　　想嘗嘗各種味道，可以1人點1道菜，再分給自己的同伴互相嘗味道，千萬不要兩或3人點1道菜哦！

常見法國菜介紹

前菜

Crudités根莖類生菜
Salade niçoise尼斯沙拉
Soupe de poisson濃魚湯
Terrine de campagne鄉村式肉醬凍

主菜

Bœuf bourguignon勃艮地牛
Canard aux pommes蘋果鴨

◤ 前菜(彥玉提供)
⬆ 普羅旺斯醬煮小捲
⬇ 千層蛋糕(彥玉提供)

Encornet à la provençale普羅旺斯煮小卷
Pavé de saumon，gratin de fenouil焗烤茴香鮭魚塊
Pigeon petits légumes鴿子配煮蔬菜

甜點

Charlotte aux framboises紅莓蛋糕
Crème brûlée焦糖布丁
Mille feuilles千層蛋糕
Mousse au chocolat 巧克力慕思

住宿篇

如何選擇飯店

一般而言大城市以及觀光地區的飯店一定比較昂貴。

法國飯店工會定價標準不一定,看星數決定。就和法國高級餐廳一樣,有些飯店自認有些特色,價格可能會高於自己的星數。

依法國飯店工會規定,每家飯店必須標示房價與規格,有的房內沒有浴缸只有沖浴,甚至房內只有洗臉槽而已,有的房內沒有廁所等等,設備不同,價格不等。因此可以在飯店外的掛牌上先看清楚規格價錢,再問有沒有房間。

飯店等級

一般飯店等級

大城市1顆星房店雙人套房價格在70/80歐元左右,鄉下地方比較便宜套房大約50/60歐元左右。

2顆星有的超過100歐元以上。

國際級3顆星飯店

觀光城市價格都超過200歐元,價格有時還要視飯店內的環境條件的好壞來決定。

4顆星飯店

價格就必須看地點和本身設計裝潢或設備的特色而定,通常最少會在300/400歐元以上,有的城堡古蹟級的飯店甚至還有超過1000歐元以上的雙人標準套房!

註:1歐元相當於台幣44.53元。(大約)

早餐通常需另付費

法國沒有所謂的5星級飯店,這是法國高級飯店為了省稅的技倆。

法國所有的飯店早餐都要另外附加費用。因此,旅客可以決定在飯店吃早餐,或到咖啡廳吃早餐,這就是為什麼法國咖啡廳也準備早餐套餐。

鄉下住宿
可在車站附近找

到了法國鄉下小地方自由

↑ 法國2顆星飯店兼餐廳。

↑鄉下便宜飯店

行找住宿最簡單的方法是，在火車站附近的飯店先落腳。火車站附近通常會有1顆星到2顆星左右的飯店，價格較便宜。

缺點是靠近市中心，房屋通常較老舊，設備不足，但是一般都還算乾乾淨淨，主要是配合法國搭火車旅客的便利。

善用資訊中心地圖

如果想找其他市中心的飯店或青年旅館，最簡單的方式就是先找到每個城鎮都有的「旅客資訊中心」（Office

du tourisme）或「Syndicat d'initiative」，要一份當地地圖以及當地民宿、飯店Hôtel、青年旅館Auberge de jeunesse的詳細地址和資料。

通常旅客資訊中心都會設在火車站附近，或者在古蹟老區市中心，通常都很明顯。在地圖上都一定會標示大大的「i」字，很容易認，這些是地方政府為了招攬觀光客而設的。

法國的地方旅遊資訊做得十分完善，親切。他們不只可以建議旅客住宿的資訊，

甚至還幫忙遊客打電話問住宿，解決語言的問題等等。

青年旅館

法國青年旅館可先預訂（法國青年旅館協會 **http** www.auberges-de-jeunesse. com），也可以隨到隨登記，一直登記到額滿為止。

在旅遊期都是超滿的，有時只能加床位，打地舖！

民宿

分為Auberge、Gîte、Chambre d'ehôte 3種。

Auberge

通常是住在農舍裡，有的農舍主人也會提供餐食，這種住宿費通常已經包含早餐，而餐食費通常再分為demie-pension（部分包

↑現代觀光連鎖飯店

住宿篇

↑ 勃艮地酒莊冬天雪景Domaine François Lamarche

餐，多半包晚餐）、pension complète(3餐全包)兩種價格。

Gîte

與屋主分開的獨立小公寓，或小屋，通常都有廚房設備，讓住宿的人能獨立生活。適合一家人或幾個朋友一起旅行。這種民宿就沒有供應早餐的習慣。

Chambre d'hôte

屋主室內的套房出租，一般類似旅館房間價格，但會供應早餐。

酒鄉地區民宿

以下是作者親自詢問過，願意接受亞洲觀光客巡禮的酒莊民宿名單。這些民宿並不一定全年都可以租用，葡萄收成時，酒莊當作外地採葡萄工人的住宿用途。另外觀光旺季時，一般法國遊客已經預訂下來了，若想住宿請事先詢問清楚。

這些酒莊還提供了作者十分珍貴的照片資料。

■香檳區

Lefèvre–Beuzart

🏛 24，rue Carnot

51500 Rilly la Montagne

☎ +33-3-26034453

F +33-3-26026355

✉ Champagne-levevre-beuzart@wanadoo.fr

是由一對非常單純的夫婦，家庭式的經營。另設小屋出租。

■勃艮地區

Domaine François Lamarche

🏛 9，rue des Communes，21700Vosne-Romanée

☎ +33-3-80610794

F +33-3-80612431

✉ domainelamarche@wanadoo.fr

傳統的酒農，熱情好客，淳樸。有房間出租。

Jean-Michel Guillon

🏛 33：route de Beaune；
21220Gevrey-Chambertin

☎ +33-3-80523971

📠 +33-3-80511758

✉ Domaine.guyot@libertysurf.fr

比較大的酒莊，有房間出租。

■侏羅區

Domaine Jacques Tissot

🏛 39，rue de Courcelles，
39600 Arbois

☎ +33-3-84661427

📠 +33-3-84864958

✉ courrier@domaine-jacques-tissot.fr

山上人家，風景宜人、清新，主人很熱情，有房間出租。

■普羅旺斯區

山區：

Rémy Victor

🏛 Domaine. De la sanglière
83230 Bormes-les-Mimosas

☎ +33-4-94004258

📠 +33-4-94004377

✉ remy@domaine-sangliere.com

傳統普羅旺斯大家庭，有小屋出租。

Anne et Michel Latz

🏛 SCEA Domaine. Des Aspras 83570 Correns

☎ +33-4-94595970

📠 +33-4-94595352

✉ mlatz@aspras.com

夫婦經營，純淨簡潔，嚴守當地「有機酒鄉」的名號，有小屋出租。

海岸線：

Céline et Jérome Pascal

🏛 Domaine. de Galantin 83330 Le plan du Castellet

☎ +33-4-94987594

📠 +33-4-94902955

🌐 www.le-galantin.com

✉ domaine-le-galantin@wanadoo.fr

在Bandol地中海出名的酒鄉，不僅景色優美，家庭式經營，親切友善。

有小屋出租。

■隆河谷區

Croset家人

🏛 Domaine De Cassan

SCIA Saint-Christophe，
Lafare，84190 Beaumes-de-

Venise

☎ +33-4-90629612

📠 +33-4-90650547

✉ domainedecassan@wanadoo.fr

酒莊主人曾經是一個印刷老闆，買下了這片葡萄酒園，現在由女兒和女婿經營，有小屋出租。

Christian Meffre

🏛 Château de Ruth Ste-Cécile les Vignes

Château Raspail–Gigondas
84190 Gigondas

☎ +33-4-90658893

📠 +33-4-90658896

🌐 www.Chateauraspail.com

✉ chateau.raspail@wanadoo.fr

住宿篇

⬆ 隆河谷Château de Ruth酒莊

酒莊主人負責隆河谷名勝推廣工作，是該地副市長。本人十分熱誠，希望亞洲觀光客能發現當地風景之美，以及葡萄酒之醇，有小屋出租。

■蘭格多克區

Gilles Guilhem

🏛 Domaine. Grand Guilhem

☎ +33-4-68459174

http www.grandguilhem.com

藏在較偏僻原始的Fitou小酒鄉裡，有種不食人間煙火的離世感，一家4口簡單親切，房間出租。

■西南區

Château Roque-Peyre

🏛 Vallette Frère

GAEC de Roque-Peyre

33220 Fougueyrolles

☎ +33-5-53247798

F +33-5-53613687

✉ vignobles.vallette@wanadoo.fr

從19世紀末開始經營，目前由第五代兩兄弟一起合作，有小屋和房間出租。

■羅亞爾河區

Olivier de Cenival

🏛 Domaine. Des Chesnaies

La Noue，49190 Denée

☎ +33-2-41787980

F +33-2-41680561

✉ odecenival@free.fr

酒莊主人原來是電腦新貴，與太太買下了這個16世紀的城堡，在羅亞河區是難得的住宿嘗酒好地方。有小屋出租。

其他地區如阿爾薩斯、波爾多等地區，也許因為觀光事業已經十分發達了，加上歷史上這些地區的多半是世世代代的傳統酒農，對於現代發展出來的酒鄉旅遊的觀光並不再意，這些地區並沒有任何酒莊回應。

很高興您選擇了太雅生活館（出版社）的「生活技能」書系，陪伴您一起快樂旅行。只要將以下資料填妥回覆，您就是「旅行生活俱樂部」的會員，可以收到會員獨享的最新出版情報。

這次買的書名是：生活技能 / **開始遊法國喝葡萄酒**（So Easy 31）

1.姓名：＿＿＿＿＿＿＿＿＿＿＿＿＿＿＿ 性別：□男 □女

2.生日：民國＿＿＿＿年＿＿＿＿月＿＿＿＿日

3.您的電話：＿＿＿＿＿＿＿ 地址：郵遞區號□□□＿＿＿＿＿＿＿＿＿＿＿＿

E-mail:＿＿＿＿＿＿＿＿＿＿＿＿＿＿＿＿＿＿

4.您的職業類別是：□製造業 □家庭主婦 □金融業 □傳播業 □商業 □自由業
□服務業 □教師 □軍人 □公務員 □學生 □其他＿＿＿＿＿＿

5. 每個月的收入：□18,000以下 □18,000~22,000 □22,000~26,000
□26,000~30,000 □30,000~40,000 □40,000~60,000 □60,000以上

6.您從哪類的管道知道這本書的出版？□＿＿＿＿報紙的報導 □＿＿＿＿報紙的出版廣告
□＿＿＿雜誌 □＿＿＿廣播節目 □＿＿＿網站 □書展 □逛書店時無意中看到的
□朋友介紹 □太雅生活館的其他出版品上

7.讓您決定買這本書的最主要理由是？
□封面看起來很有質感 □內容清楚資料實用 □題材剛好適合 □價格可以接受
□其他＿＿＿＿＿＿＿＿＿＿＿＿＿＿

8.您會建議本書哪個部份，一定要再改進才可以更好？為什麼？
＿＿＿＿＿＿＿＿＿＿＿＿＿＿＿＿＿＿＿＿＿＿＿＿

9.您是否已經帶著本書一起出國旅行？使用這本書的心得是？有哪些建議？
＿＿＿＿＿＿＿＿＿＿＿＿＿＿＿＿＿＿＿＿＿＿＿＿
＿＿＿＿＿＿＿＿＿＿＿＿＿＿＿＿＿＿＿＿＿＿＿＿

10.您平常最常看什麼類型的書？□檢索導覽式的旅遊工具書 □心情筆記式旅行書
□食譜 □美食名店導覽 □美容時尚 □其他類型的生活資訊 □兩性關係及愛情
□其他＿＿＿＿＿＿＿＿＿＿＿＿＿＿

11.您計畫中，未來會去旅行的城市依序是？ 1.＿＿＿＿＿＿ 2.＿＿＿＿＿＿
3.＿＿＿＿＿＿ 4.＿＿＿＿＿＿ 5.＿＿＿＿＿＿

12.您平常隔多久會去逛書店？□每星期 □每個月 □不定期隨興去

13.您固定會去哪類型的地方買書？□連鎖書店 □傳統書店 □便利超商
□其他＿＿＿＿＿＿＿＿＿＿＿＿＿＿

14.哪些類別、哪些形式、哪些主題的書是您一直有需要，但是一直都找不到的？
＿＿＿＿＿＿＿＿＿＿＿＿＿＿＿＿＿＿＿＿＿＿＿＿

填表日期：＿＿＿＿＿＿年＿＿＿＿＿＿月＿＿＿＿＿＿日

太雅生活館　　編輯部收

台北郵政53-1291號信箱
電話：(02)2880-7556
傳真：**02-2882-1026**
（若用傳真回覆，請先放大影印再傳真，謝謝！）

太雅生活館

有 行 動 力 的 旅 行 ， 從 太 雅 生 活 館 開 始